AF903116

Bibliothek des Radio-Amateurs 10. Band
Herausgegeben von **Dr. Eugen Nesper**

Wie lernt man morsen?

Von

Julius Albrecht
Studienrat

Zweite Auflage

Mit 7 Textabbildungen

Springer-Verlag Berlin Heidelberg GmbH
1925

Alle Rechte, insbesondere das der Übersetzung
in fremde Sprachen, vorbehalten.

ISBN 978-3-662-30625-3 ISBN 978-3-662-30692-5 (eBook)
DOI 10.1007/978-3-662-30692-5

Zur Einführung der Bibliothek des Radioamateurs.

Schon vor der Radioamateurbewegung hat es technische und sportliche Bestrebungen gegeben, die schnell in breite Volksschichten eindrangen; sie alle übertrifft heute bereits an Umfang und an Intensität die Beschäftigung mit der Radiotelephonie.

Die Gründe hierfür sind mannigfaltig. Andere technische Betätigungen erfordern nicht unerhebliche Voraussetzungen. Wer z. B. eine kleine Dampfmaschine selbst bauen will — was vor zwanzig Jahren eine Lieblingsbeschäftigung technisch begabter Schüler war — benötigt einerseits viele Werkzeuge und Einrichtungen, muß andererseits aber auch ein guter Mechaniker sein, um eine brauchbare Maschine zu erhalten. Auch der Bau von Funkeninduktoren oder Elektrisiermaschinen, gleichfalls eine Lieblingsbetätigung in früheren Jahrzehnten, erfordert manche Fabrikationseinrichtung und entsprechende Geschicklichkeit.

Die meisten dieser Schwierigkeiten entfallen bei der Beschäftigung mit einfachen Versuchen der Radiotelephonie. Schon mit manchem in jedem Haushalt vorhandenen Altgegenstand lassen sich ohne besondere Geschicklichkeit Empfangsresultate erzielen. Der Bau eines Kristalldetektorempfängers ist weder schwierig noch teuer, und bereits mit ihm erreicht man ein Ergebnis, das auf jeden Laien, der seine ersten radiotelephonischen Versuche unternimmt, gleichmäßig überwältigend wirkt: Fast frei von irdischen Entfernungen, ist er in der Lage, aus dem Raum heraus Energie in Form von Signalen, von Musik, Gesang usw aufzunehmen.

Kaum einer, der so mit einfachen Hilfsmitteln angefangen hat, wird von der Beschäftigung mit der Radiotelephonie loskommen. Er wird versuchen, seine Kenntnisse und seine Apparatur zu verbessern, er wird immer bessere und hochwertigere Schaltungen ausprobieren, um immer vollkommener die aus dem Raum kommenden Wellen aufzunehmen und damit den Raum zu beherrschen.

Diese neuen Freunde der Technik, die „Radioamateure", haben in den meisten großzügig organisierten Ländern die Unterstützung weitvorausschauender Politiker und Staatsmänner gefunden unter dem Eindruck des universellen Gedankens, den das Wort „Radio" in allen Ländern auslöst. In anderen Ländern hat man den Radioamateur geduldet, in ganz wenigen ist er zunächst als staatsgefährlich bekämpft worden. Aber auch in diesen Ländern ist bereits abzusehen, daß er in seinen Arbeiten künftighin nicht beschränkt werden darf.

Wenn man auf der einen Seite dem Radioamateur das Recht seiner Existenz erteilt, so muß naturgemäß andererseits von ihm verlangt werden, daß er die staatliche Ordnung nicht gefährdet.

Der Radio-Amateur muß technisch und physikalisch die Materie beherrschen, muß also weitgehendst in das Verständnis von Theorie und Praxis eindringen.

Hier setzt nun neben der schon bestehenden und täglich neu aufschießenden, in ihrem Wert recht verschiedenen Buch- und Broschürenliteratur die „Bibliothek des Radioamateurs" ein. In knappen, zwanglosen und billigen Bändchen wird sie allmählich alle Spezialgebiete, die den Radioamateur angehen, von hervorragenden Fachleuten behandeln lassen. Die Koppelung der Bändchen untereinander ist extrem lose: jedes kann ohne die anderen bezogen werden, und jedes ist ohne die anderen verständlich.

Die Vorteile dieses Verfahrens liegen nach diesen Ausführungen klar zutage: Billigkeit und die Möglichkeit, die Bibliothek jederzeit auf dem Stande der Erkenntnis und Technik zu erhalten. In universeller gehaltenen Bändchen werden eingehend die theoretischen Fragen geklärt.

Kaum je zuvor haben Interessenten einen solchen Anteil an literarischen Dingen genommen, wie bei der Radioamateurbewegung. Alles, was über das Radioamateurwesen veröffentlicht wird, erfährt eine scharfe Kritik. Diese kann uns nur erwünscht sein, da wir lediglich das Bestreben haben, die Kenntnis der Radiodinge breiten Volksschichten zu vermitteln. Wir bitten daher um strenge Durchsicht und Mitteilung aller Fehler und Wünsche.

Dr. Eugen Nesper.

Vorwort.

Die genaue Kenntnis der Morsezeichen und die Fähigkeit sie abzuhören war früher für jeden, der sich praktisch mit der Funkentelegraphie befaßte, unentbehrlich, da sich die Verständigung ausschließlich auf das Geben und Empfangen von Morsezeichen beschränkte. Durch das Aufkommen der Funkentelephonie, auf die sich die ganze Radiobewegung aufbaut, könnte es scheinen, als sei heute die Kenntnis der Morseschrift nicht mehr in dem Maße wichtig wie früher. Das gilt natürlich nur für den Amateur, der sich damit begnügt, abends pünktlich sein musikalisches Programm oder die neuesten Berichte über Sechstagerennen oder Boxkämpfe aufzunehmen. Anders liegt die Sache bei denjenigen Amateuren, denen es darauf ankommt, in ihrer stillen Arbeitsstube zu experimentieren und den Entwicklungsgang der drahtlosen Telegraphie noch einmal zu durchleben. Manchen Pionier der Funkentelegraphie erfreuten die Morsezeichen, die er bei Erprobung eines neues Apparates mit gespannter Erwartung aufnahm, mehr als das schönste Musikstück, das uns heute ein vollkommener und hochwertiger Radioapparat zu übermitteln vermag. Mein Büchlein wendet sich vornehmlich an die Amateure, die selbst die Leiden und Freuden des Konstrukteurs durchkosten wollen, indem sie sich selbst Apparate bauen, um mit ihnen zu experimentieren. Es soll ihnen die Einübung der Zeichen erleichtern und sie zu Übungen im Geben und Aufnehmen derselben anregen. Die Zeichen sind zur leichteren Einprägung in Gruppen eingeteilt und jedem Paragraphen sind Übertragungsaufgaben und Leseübungen beigefügt. Möge das Büchlein den Radioamateuren gute Dienste leisten und sich viele Freunde erwerben.

Zum Schluß möchte ich Herrn Dr. Nesper für seine wertvollen Anregungen sowie der Verlagsbuchhandlung Julius Springer für ihr freundliches Entgegenkommen in der Ausgestaltung des Büchleins meinen verbindlichsten Dank aussprechen.

Berlin-Adlershof, im Herbst 1924.

Julius Albrecht.

Inhaltsverzeichnis.

Vorbemerkungen.

Die erste telegraphische Verbindung, die auf der Erscheinung des Elektromagnetismus beruhte, wurde 1832 von Gauß und Weber in Göttingen zwischen dem Physikalischen Institut und der Sternwarte angelegt. Die Zeichen wurden hierbei durch die Ausschläge einer Magnetnadel sichtbar gemacht, und die Übermittlung eines Buchstabens dauerte 8 bis 10 Sekunden. Durch diese Versuche angeregt konstruierte der Amerikaner Morse einen Apparat, der gleich sichtbare Schrift lieferte. Die ersten Telegramme wurden noch in einer Zickzackschrift übermittelt, die später durch die heute noch

Abb. 1. Morse-Empfangsapparat.

gebräuchliche Morseschrift ersetzt wurde. In Deutschland wurde die erste Morseverbindung im Jahre 1849 zwischen Hamburg und Altona hergestellt. Im Jahre 1850 wurde dann die Morsetelegraphie amtlich durch den Deutsch-Österreichischen Telegraphenverein bei uns eingeführt.

Die Schriftzeichen der Morseschrift setzen sich aus Strichen und Punkten zusammen, eine Form, die durch die Konstruktion des Morseempfängers bedingt ist. Die Hauptteile der Morseapparatur sind neben der Stromquelle und der Leitung der Zeichengeber und der Empfänger. Der Zeichengeber besteht aus einer einfachen Taste, die es ermöglicht, den Strom zu schließen und wieder zu öffnen. Der Empfänger besteht im wesentlichen aus einem hufeisenförmigen Elektromagneten, dessen Anker an dem einen Ende eines zweiseitigen Hebels befestigt ist. Am anderen Ende des Hebels befindet sich ein Schreibstift und in geringem Abstande von demselben kann mit Hilfe einer Anordnung von Rollen ein Papierstreifen durch ein Uhrwerk vorbeigezogen werden. Wird nun der Strom durch die Taste geschlossen, so wird der Anker von dem Magneten angezogen und der Schreibstift gegen den Papierstreifen ge-

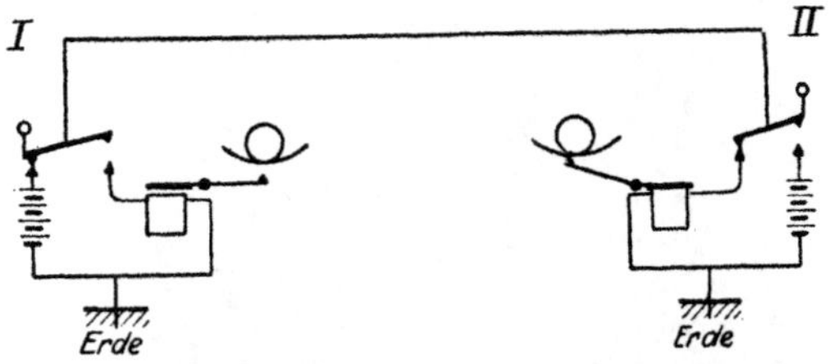

Abb. 2. Schaltungsschema zweier Morsestationen.

drückt. Beim Unterbrechen des Stromes zieht eine Feder den Schreibstift wieder in seine ursprüngliche Lage zurück. Durch längeres oder kürzeres Schließen des Stromes entstehen dann auf dem Papierstreifen Striche oder Punkte, die in verschiedenen Kombinationen zur Darstellung der einzelnen Buchstaben dienen. Steinheil in München machte die Entdeckung, daß man nur eine metallische Leitung benötigte und die andere Leitung durch die Erde ersetzen könnte. Um bei der Verbindung zweier Orte sowohl in der einen als auch in der anderen Richtung telegraphieren zu können, wird die Taste in der Weise als zweiseitiger Hebel ausgebildet, daß sie sowohl beim Niederdrücken als auch in der Ruhestellung einen Kontakt schließt. Die Schaltung wird aus der Abbildung 2 ohne weiteres klar. Beim Niederdrücken der Taste der Station I wird die Stromquelle I in den Kreis eingeschaltet und der Elektromagnet des Empfängers II erregt. Geht die Taste in die Ruhestellung zurück, so wird die Stromquelle ausgeschaltet und dafür der Empfänger I eingeschaltet. Dasselbe bewirkt in ganz entsprechender Weise die Taste auf der Station II. Gibt also die Station I, so muß während des Empfanges die Taste auf der Station II ruhen, damit der Empfangsapparat eingeschaltet bleibt, und umgekehrt. Es kann also bei dieser Anordnung nicht nach beiden Richtungen gleichzeitig telegraphiert werden.

Die Möglichkeit der Zeichenübertragung durch Morseschrift ist nicht auf den Schreibtelegraphen beschränkt geblieben, und schon Edison benutzte als junger Telegraphist bei einer Störung der Telegraphenleitung durch einen Sturm die Dampfpfeife einer Lokomotive zur Weitergabe der Depeschen. Akustische Morsezeichen sind auch bei Unglücksfällen von verschütteten Bergleuten oder Soldaten benutzt worden, um sich mit der Außenwelt zu verständigen und die Rettung zu erleichtern.

Als optische Zeichen wird die Morseschrift zur Verständigung im Gelände angewandt, und zwar können hier die Zeichen durch Bewegungen der Arme, Winken mit Flaggen und des Nachts durch Blinken mit Scheinwerfern und Taschenlampen gegeben werden. Im Kriege wurden diese optischen Zeichen in weitem Maße von der Infanterie und Artillerie zur schnellen Befehlsübermittlung verwandt.

In der Funkentelegraphie werden heute die Morsezeichen nicht nur mit dem Schreibtelegraphen sondern mit dem Gehör als eine Folge von langen und kurzen Tönen aufgenommen. Es ist daher bei der Erlernung der Morseschrift nicht nur das Schreiben und Lesen der Zeichen zu üben, sondern auch das Geben der Zeichen durch Klopfen mit dem Finger oder durch Niederdrücken einer Taste sowie der Hörempfang zu erlernen Besondere Lehrapparaturen zur Einübung des Hörempfangs sollen deshalb in diesem Büchlein noch in einem besonderen Abschnitt besprochen werden.

§ 1. Buchstaben der Punkt- und Strichgruppe.

Zur leichteren Erlernung werden die Morsezeichen in Gruppen eingeteilt, die sich besonders zur leichten Einprägung eignen. Die Buchstaben der ersten Gruppe bestehen nur aus Punkten, die der zweiten Gruppe nur aus Strichen.

1. Gruppe:

• e   •• i   ••• s   •••• h.

2. Gruppe:

— t   — — m   — — — o   — — — — ch.

Sämtliche Buchstaben und Worte sind durch mehrmaliges Lesen und sorgfältiges Abschreiben gründlich einzuüben, und es darf nicht weitergegangen werden, wenn das Vorangegangene noch nicht mit Sicherheit beherrscht wird. Zu der ersten Gruppe ist noch zu bemerken, daß ß durch Doppel-s dargestellt wird. Ferner ist zu beachten, daß zwischen den einzelnen Teilen eines Buchstaben der Zwischenraum von der Länge eines Punktes, zwischen zwei Buchstaben der von der Länge eines Striches und zwischen zwei Worten eine Trennung von zwei Strichlängen liegt.

Wortbeispiele.

• ••   • •••   • •• •••   ••• •• •   ••• •• •   •••• •   — • •

— —   • •• ••• •   •••• • •• — —   ••• — — —   — — — •••• — —

•••• — — —   — — — —   •• — — — —   ••• •• — — — —

• •• — — — — •   — • •• — — — —   •••• • — — — —   —

• ••• — — — — •   • — — — — ••• •   — — •• • — •

— — • ••• ••• •   — — •• — — — —   — •• — — • •••

Übungsaufgabe.

Die folgenden Worte sind in Morseschrift zu üben, bis sie ganz mechanisch geschrieben und gelesen werden können.

See, Ehe, Esse, Hesse, hei! heiß, sie heißt, ist, sie ißt, Met, Mitte, Miß, im, ihm, Imme, Item, Hostie, Most, Moos, Toise,

Hose, sich, Tisch, Mischehe, Moschee, Ochse, Hechse, Hitsche Schott, Schote, Schoß.

§ 2. Buchstaben der Punktstrichgruppe.

Die dritte Gruppe von Buchstaben setzt sich aus Punkten und Strichen zusammen.

3. Gruppe:

·— a ··— u ···— v
·—— w ··—— ü
·——— j ·—·— ä

Wortbeispiele.

···· ·— ··· —, —— ·— — — ·, ··· ·— ·— —,
··· — ·— ·— —, —— ·— ·— —, —— ·— ··· —,
——— ·— ··· ·, ·— ———— ··· ·, — ·— ··· ———— ·,
··· ·— ———— ··· ·, ···· ··— —, —— ··— —,
— ··— ————, ·— ··— ————, ··· ·— ··— ——,
···· ·— ··— ···, ···— ·· · ····, ···— ·— ··· ·,
···— · ··· ··— ···—, ···— · — ———, ···— ·· ··· ·· — ·,
—— ——— — ·· ···—, ·—— · — — ·, ·—— · ·· ··· ·,
·—— · ·· — ·, ·—— · ···· —— ··— —, ·—— ·· — ·—— ·,
—— ··—— ···· ·, ···· ··—— — ·, ···· ··—— — — ·,
·——— ·— ——— —, ·——— ·— ···— ·—,
·——— ——— ————, ·——— ——— — ·—,
·——— ·· ··— ·——— ·· — ··· ··—,
·——— ··— ··· — ··— ···, ···· ·—·— ··— — ·,
···· ·—·— — — ·, ·——— ·—·— ····

Übungsaufgabe.

Satte, Asche, Thema, Masche, Sascha, Auto, Ameise, Asta, Mais, heute, Haut, Hauch, Schutt, Schaum, Schwamm, ich schwimme, Stube, Stamm, stumm, Votiv, Vesta, Veit, Voute, Vivat, Waise, Wams, Wachs, Wucht, Wüste, Whist, Joachim, Jutta, Jute, Joujou, Jost, Josua, Wächte, Äste, ich täte es.

§ 3. Buchstaben der Strichpunktgruppe.

Die Buchstaben der vierten Gruppe setzen sich aus Strichen und Punkten zusammen. Sie entsprechen den Buchstaben der dritten Gruppe in der Weise, daß an Stelle des Punktes hier der Strich steht und umgekehrt.

4. Gruppe:

—· n ——· g ———· ö

—·· d ——·· z

—··· b —·—· c

Wortbeispiele.

—· ·— ····, —· ·—·— ···· · —·, —· ·— ··· ·,
···· ·—·— ··· ———— · —·, ···· · —· —· ·,
···· ··—— ···· —· ———— · —·, ··· ·— — ·— —·,
—· ·— — ···· ·— —·, ·— —· — ——— —·,
·— —· — · —· —· ·, —— ··—— —· ———— · —·,
—· · ·· —·, —· · ··— —·, —· · ·· ··· ··· ·,
——· · —· ·— ··—, ——· · —· ··— · ··· ·,
——· · ·· ··· —, ——· · ···· · ·· ——,
——· · ·——— ·· —· —·, ——· · ·——— ·· ··· ··· · —·,
——· · ·——— · ·· ····, ——· · ··· ·· ———— —,
——· · ·——— ·· ———— —, ——· ··— — ·— ———— — · —·,
——· ··— ·· —· · ·—, ——· ———· — — ·· —·,
—— ———· —· ————, — ———· —· —· ———— · —·,
—·· ·— —— ·· —, —·· ——— ··· ·, —·· ·— ··— ——— ···,
—·· ·— ··—— ——— —·, —·· ——— ——, —·· ·— ——— ·,
—·· ·— —— ——, —·· ·— —· —·, —·· · ——· · —·,
—·· · —— —— ·· ··· ··· ·· ——— —·, ·· —· —·· · ··· ··· · —·,
——·· · ·· —, ——·· ·· · ——· ·, ——·· ··— —· ——· ·,
——·· · ·· ··· · ——·, ——·· ··—— ———— — · —·,
——·· ·— ···· —·, ——·· ·— ··— —— ——·· · ··— ——·,
——·· · ·· ———— · —·, ——·· · ·· — ··— —· ——·,
——·· · —· ·· —, ——·· · ··— ···,
——·· ·——— ·· ··· ———— · —·, —··· ·— ··— ——,
—··· · ·——— · ——· —, —··· · ——· ·· —· —·,
—··· ··— —··· ·, —··· · —· ·——— ·— —— ·· —·,
—··· ——— — ·, —··· ———· ··· ·, —··· ——— ———— —,
—··· ——— ···· —· ·, —··· ———· ···· —— · —·,
—··· ·— —· ·— —· ·, —··· · —··· · —·,
—··· · ——· ·— —··· —, —··· · ——· · ——· —· · —·,
—··· · ···· · —· —·· ·, —··· · ·· ———— — ·,
—··· · ·——— ·— ···· · —·, —·—· ·— —·· ·· ——··,
—·—· · —· —, —·—· ·— ··· ··— ···,
—·—· ·— —·· ·· —· · —·, —·—· ·— —· ·— —·· ·—

Zum Vergleich werden die Buchstaben der dritten und vierten Gruppe noch einmal so gegenübergestellt, daß der eine Buchstabe immer die Umkehrung des anderen ist;

·—	a	—·	n
··—	u	—··	d
···—	v	—···	b
·——	w	——·	g
··——	ü	——··	z
·———	j	———·	ö
·—·—	ä	—·—·	c

Übungsaufgabe.

Name, Nachen, Näschen, Hähnchen, Männchen, Nacht, Nachweis, Nansen, Johann, Tenne, Neon, Gast, Gutschein, Geige, Genuß, Geschichte, Gemüse, Gemisch, Genua, genug, Gegengewicht, Gemenge, Öse, Möve, Datum, Dahme, Duma, Duett, Düse, Däne, Döschen, Demagoge, Diät, Dentist, dicht, Advent, Dissident, Dadaismus, Dasein, Daheim, Aden, Bahn, Base, Bingen, Böotien, Bosnien, Büchse Steinbutt, böig, beißen, bissig, bescheiden, bewachen, beschädigen, behauen, Ebbe, Abt, Abend, Abschied, Abscheu, abstinent, Abtötung; Zehe, Zeche, bezecht, Zins, Danzig, Zeitgeist, Zucht, Zement, Zugang, Binz, Beize, Heizung, Ätzung, Butzenscheibe, Dutzend, Zendavesta. Cincinnati, Cassius, Cettinje, Cicade, Cötus, Cosinus, Custoza.

§ 4. Buchstaben der symmetrischen Gruppe.

Die Buchstaben der fünften Gruppe sind symmetrisch aus Punkten und Strichen zusammengesetzt.

5. Gruppe:

·—·	r	—·—	k
·——·	p	—··—	x

Wortbeispiele.

·—· ·— ·—·, —·· · ·—· ·— ·— ·—·, —·· ·· ·
·—· ·· —· —·· ·, ·—· ·—·— —· —·· · ·—·,
·—· ··— —· —··, ·—· ··—— —·· ·, ·—· ···· ———· —·,
·—· ——— —·· ·—· ·· ——· ———,

·–· ·· –––– ·– ·–· –··, ·–· –––· ···· ·–· ·,
···· ·– ·– ·–·, ···· ·· ·–· ··· ·, ···· ––– ·–· –,
·· ·–· ·–· ––· ·– ·–· – · –·,
·· ·–· ·–· ·–– · ––·, ·· ·–· ·–· · –· ·– ·–· ––·· –,
·· ·–· ·–· ·· – ·· · ·–· · –·, –··· ·– ·–· –··· ·– ·–· ·–,
· ·–· –··· ··· ·, · ·–· ––·· ––· · –··· ·· ·–· ––· ·,
· ·–· ·–· · – – · –·, · ·–· ·–· –––· – · –·,
· ·–· ··· ·– – ––··, · ·–· ·–· · ·· –––– –··· ·– ·–·,
· ·–· ·–· · – – · ·–·, –·– ·– ·–· – ·,
–·– ·– – ––·· ·, –·– ·– ·–· ·–· ·,
–·– –––· ·–· –··· –––– · –·,
–·– ··–– ·–· –··· ·· ···, –·– ··– –· –·· ·,
–·– ·– ·––– ·– –·–, –·– ·– ·––– ··–– – ·,
–·– ·· ·–· –––– ·, –·– ·– ···– ·· ·– ·–·,
–·– ·– ·–· ·–– ––– –––– ·,
– ···· · ––– –·· ––– ·–· –·– –––· ·–· –· · ·–·,
·––· ·– ··· ···, ·––· ·– ·–· ·· ···,
·––· ·– ·––· ·· · ·–·, ·––· ·– ·–· – · ·–· ·–· ·,
·––· · ·–· ··· ·· · –·, ·––· · – · ·–·,
·––· ––– ··· – ·– –– –, ·–· ·– ·––· ·––· ·,
–·– ·– ·––· ·––· ·, –·– –· ·– ·––· ·––· ·,
·–· ·– ·––· ·· · ·–·, ··· ·– ·––· ·––· ·,
··· ·· ·––· ·––· ·, ·–· ·· ·––· ·––· ·,
–– ·– ·––· ·––· ·, ·– – – ·–· ·– ·––· ·––· ·,
–··– · ·–· –··– · ···, –··– ·– –· – ···· ·· ·––· ·––· ·,
–··– ·– ···– · ·–·, –··– · –· ·· ·,
–··– · –· ––– –·– ·–· ·– – ·· ·,
–··– · –· ––– ·––· ···· ·– –· · ···

Übungsaufgabe.

Rübe, Rost, Trost, Roßbreite, Rondo, Rubinstein, Raubtier, Räucherware, Rhabarber, Ravenna, Rheingau, Reiterregiment, Reiseroute, Reckturner, Rekrut, Rektor, Rekord, Reizker, Karawane, Kerkermeister, Birkenbaum, Karat, Kaskade, Kuriergepäck, Kurmärker, Kürschner, Küvette, Kupido, Pacht Perm, Pirat, Pionier, Pegasus, Phrase, Panama, Protze, Produktion, Kettensprenger, Köpenick, Kopenhagen, Schneekoppe, Opossum, Opportunist, Opposition, Approbation, Approvision, Apperzeption, Xenophon, Xenon, Xenographie.

§ 5. Buchstaben der unsymmetrischen Gruppe.

Die Buchstaben der sechsten Gruppe sind unsymmetrisch aus Punkten und Strichen zusammengesetzt. Sie lassen sich so gegenüberstellen, daß der eine Buchstabe die Umkehrung des andern ist.

6. Gruppe.

··—· f   ·—·· l
——·— q   —·—— y.

Mit diesen vier Buchstaben ist nun das ganze Alphabet bekannt. Zu beachten ist, daß kein Buchstabe aus mehr als vier Zeichen besteht. Eine Ausnahme hiervon machen einige Buchstaben aus fremden Sprachen, die am Ende dieses Paragraphen auch angeführt sind.

Wortbeispiele.

··—· ·— ————,   ··—· ·—·— ———— · ·—·,
··—· ·—· ··—— ····,   ··—· ·— ··—· —· ·· ·—·,
··—· ·—·— ···· ·—· —— ·— —· —·,   ··—· ·— —·— ·· ·—·,
··—· ·— —··— · —·,   ··—· · ·—· —— · —· —,
··—· ·· · ··· —·— ————,   ··—· ·——— ——— ·—· —··,
··—· ·· —··— ··· — · ·—· —·,   ··—· ·· —··— ··— ——,
··—· ·—· ·— — ——·· ·,   ··—· ·—· ·· · —·· ·—· ·· ————,
··—· ·—· ·· —·— — ·· ——— —·,
··—· ·—· · ·· —·· · —· —·— · ·—·,   ··—· ·—· · ·· · ·—·,
··—· ·—· · ·· ··—· ·—· ·— ··—,   ··—· ··— ·—· ·· · ·—·,
·—·· ·— ·——· ·——· ·—·· ·— —· —··,
·—·· ·— ·——· ·——· ·,   ·—·· ·— ·——· ·——· ·— ·—·· ·· ·,
·—·· ·— ···— ·—,   ·—·· · —·—· —·——,
·—·· ·—·— ·—· ——,   ·—·· · ·· · ·—·,
·—·· · ···· ·—· ·,   ·—·· · ·· ·——· ——·· ·· ——·,
·—·· · ——— ·——· ——— ·—·· —··,   ·—·· ··— —·— ··— ·—·· ·—·· ··— ···,
——·— ··— ·— —·· · ·—·,   ——·— ··— ·— —·· ·—· ·— —,
——·— ··— ·— —·—· —·— ··· ·— ·—·· —··· · ·—·,
——·— ··— ·— —·· ·—· ·· ·—·· ·—·· ·,
——·— ··— ·— ·—·· ——,   ——·— ··— ·— ·—· — · — —,
——·— ··— ·— ·—·· ·—·· ·,   ——·— ··— ·— ·——· ·——· ·,
——·— ··— ·— ·—· ——··,   ——·— ··— ·—·— ··· — ··— ·—·,
——·— ··— ·— — · —— —··· · ·—·,
——·— ··— · —··· · —·—· —·—,   —·—— ·— —· —·— · ·,
—·—— ·— ·—· —··

—·—— ——— —·— ———— ···· ·— —— ·—,
—·———————·—·—·—·—·—, —·——— ··—— —·—·—·——— ·———,
—·——— ··——— —· —· ·— —·,
·——· ···· —·——— ·——·· ·— —··—,
—··— —·——— ·——·· ———— ·——· ···· ———— —·,
·——· —·——— ·—· ·— —— ·· —·· ·,
·——· ···· —·——— ··· ·· —·—

Zusammenstellung des ganzen Alphabets.

·— a, ·—·— ä, —··· b, —·—· c, —·· d, · e, ··—· f, ——· g, ···· h, ·· i, ·——— j, —·— k, ·—·· l, —— m, —· n, ——— o, ———· ö, ·——· p, ——·— q, ·—· r, ··· s, — t, ··— u, ··—— ü, ···— v, ·—— w, —··— x, —·—— y, ——·· z.

In den Fremdsprachen haben die mit einem Akzent versehenen Buchstaben auch besondere Morsezeichen: ·——·— à, â; ··—·· é, è, ê; ——·—— ñ. Beispiele; ·——·— —· ·, ··—·· — ··—··, —·—· ·— ——·—— ——— —·

Übungsaufgabe.

Fritz, Franz, Furka, Fopperei, Fastnacht, Fanfare, Farad, Farnese, Faschine, Foxtrott, Lilli, Lippe, Alexander, Filz, Fell, Flöz, Falter, Folio, Flexion, Fluoreszenz, Flagellant, Halifax, Queis, Quelle, Queue, Quillaja, Quinte, Quinquillion, Quintilius, Quirl, Quito, Quittung, Pygmalion, Pyrmont, Pyrrhus, Pythagoras, Nyxe, Nymphe, Mysterium, Myrrhe, Lykurg, Lymphe, Lysol, Kyffhäuser.

§ 6. Ziffern.

Die Morsezeichen für die Ziffern setzen sich aus fünf einzelnen Zeichen zusammen. Zur leichteren Erlernung ist zu beachten, daß die Ziffern 0—5 am Anfang soviel Punkte enthalten, wie ihr Wert angibt, während die Ziffern 6—9 am Anfang soviel Striche enthalten, wie ihr Wert über 5 liegt.

————— 0, ·———— 1, ··——— 2, ···—— 3, ····— 4, ····· 5, —···· 6, ——··· 7, ———·· 8, ————· 9.

Die Ziffern lassen sich leicht in die einzelnen Buchstabengruppen einfügen.

— t, —— m, ——— o, ———— ch, ————— 0.
•— a, •—— w, •——— j, •———— 1.
••— u, ••—— ü, ••——— 2.
•••— v, •••—— 3.
••••— 4.
• e, •• i, ••• s, •••• h, ••••• 5.
—• n, —•• d, —••• b, —•••• 6.
——• g, ——•• z, ——••• 7.
———• ö, ———•• 8.
————• 9.

•—— •• ———— — • ——• • ——•• •— •••• •—•• • —•
•— ••— ••• —•• • •—• •——• •••• —•—— ••• •• —•—
—•• • •—• ••— —— ••—• •— —• ——• • •• —• • •••
—•— •—• • •• ••• • ••• —— •• — —•• • ——
—•• ••— •—• ———— —— • ••• ••• • •—• •————
•• ••• — ——• •—•• • •• ————
•••——, •———— ••••— •———— ••••• ————•;
—•• • •—• •—•• ——— ——• •— •—• •• — •••• —— ••— •••
—•• •• • ••• • •—• ——•• •— •••• •—•• •• ••• —:
—————, ••••— ————• ——••• •———— •••••

• •• —• •• ——• • ••• •——• • ——•• •• ••—• •• ••• ———— •
——• • •—— •• ———— — •

•—•• ••— ••—• —:
—————,————— ————— •———— ••——— ————•
—•— ——— •—• —•—: —————, ••———
• •• •••: —————, ————• •———— ——•••
—• •— — •—• •• ••— ——: —————, ————• ———••
• —••• • —• •••• ——— •—•• ——••: •————, ••———
•— •—•• ••— ——— •• —• •• ••— ——: ••———,——•••
——•• •• —• —•—: ——•••, •————
• •• ••• • —•: ——•••,•———— —••• •• ••• ——•••,———••
••• •• •—•• —••• • •—•: •———— —————, •••••
—••• •—•• • ••: •———— •————, •••——
——•— ••— • —•—• —•— ••• •• •—•• —••• • •—•:
•———— •••——, —••••
——• ——— •—•• —••: •———— ————•, ••———
•——• •—•• •— — •• —•: ••——— •————, ••••—
•• •—• •• —•• •• ••— ——: ••——— ••———, ••••—
——— ••• —— •• ••— ——: ••——— ••———, •••••

—·· · ·—· ·— ··— ··· —·· · ···· —· ··— —· ——· ···=
—·— ——— · ··—· ··—· ·· ——·· ·· · —· — —·· · ·—·
·—·· ··— ··—· — ·· ··· —:
—————, ————— ————— ···—— —···· ——···
—·· ·· · ·— ·—·· ·—·· ——· · —— · ·· —· ·
——· ·— ··· —·— ——— —· ··· — ·— —· — ·
—··· · ——·· ——— ——· · —· ·— ··— ··—·
· ·· —· —— ——— ·—·· ·· ··· — ——· ·—·· · ·· ————
———·· ··———

·——— ·— ···· ·—· · ··· ——·· ·— ···· ·—·· · —·
·— ··— ··· —·· · ·—· ——· · ··· ———— ·· ———— — ·
—·· · ·—· ·——· ···· —·—— ··· ·· —·—
——· ·— ·—·· ·· ·—·· · ··, —·· · ·—· ···— ·— — · ·—·
—·· · ·—· —— ——— —·· · ·—· —· · —·
·——· ···· —·—— ··· ·· —·—, ·—·· · —··· — ·
···— ——— —· ·———— ····· —···· ····— —··· ·· ···
·———— —···· ····— ··———
·———— —···· ····— ··——— ·—— ··— ·—· —·· ·
·· ··· ·— ·— —·— —· · ·—— — ——— —· ——·· ··—
·—— ——— ——— ·—·· ··· — ···· ——— ·—· ·——· ·
·· —· · —· ——· ·—·· ·— —· —·· ——· · —··· ——— ·—· · —·
·———— ———·· —···· ——··· · ·—· —··· ·— ··— — ·
·—— · ·—· —· · ·—· ···— ——— —· ··· ·· · —— · —· ···
—·· ·· · · ·—· ··· — · —·· —·—— —· ·— —— ———=
—— ·— ··· ———— ·· —· ·
·———— ———·· ————· ····· · —· —=
—·· · —·—· —·— — · ·—· ———· —· — ——· · —·
—·· ·· · —· ·— ———— ·· ···· —— —··· ·=
—· ·—— —· —· — · —· ··· — ·—· ·— ···· ·—·· · —·

Übungsaufgabe.

Die großen Gittermasten der Station Nauen haben eine Höhe von 260 m. Die zu Nauen gehörige Empfangsstation Geltow besitzt eine quadratische Rahmenantenne, deren Diagonale 40 m lang ist. Die Entfernung Nauen-Geltow beträgt 30 km. Die deutsche Meile beträgt 7500 m, die geographische Meile 7420 m und die Seemeile 1852 m. 1 Yard sind etwa 91 cm. 1 Yard hat 3 Fuß und 1 Fuß 12 Zoll. Das englische Pfund hat rund 450 Gramm.

§ 7. Bruchstrich, Rechnungsarten.

Da jetzt alle Buchstaben und Zahlen der Morseschrift bekannt sind, kann jeder beliebige Text, z. B. Zeitungsartikel, übertragen werden. Die Interpunktionszeichen sind dabei allerdings noch wegzulassen. Bei der Vervollkommnung in der Morseschrift hat man sein Augenmerk darauf zu richten, die Zeichen möglichst sicher und schnell durch die Schrift sowie durch die Taste wiederzugeben. Man zähle sich zur Übung eine bestimmte Anzahl Zeichen ab und bemühe sich, dieselben immer schneller zu geben, ohne daß dabei die Klarheit der Zeichengebung ein Opfer der Geschwindigkeit wird. Die notwendigen Erklärungen sollen, sofern die Übersichtlichkeit nicht darunter leidet, weiterhin auch in Morseschrift gegeben werden.

·· ——   ·— —· ··· ———— ·—·· ··— ··· ···   ·— —·
—·· ·· ·   ——·· ·— ···· ·—·· · —·   ·· ··· —   —· ——— ————
—·· · ·—·   —··· ·—· ··— ———— ··· — ·—· ·· ————
——·· ··—   ··—— —··· · —·

—··—· Bruchstrich.

· ·—·   —··· · ··· — · ···· —   ·—— ·· ·   —·· ·· ·
——·· ·— ···· ·—·· · —·   ·— ··— ···
·····   ——·· · ·· ———— · —·   ·—— · ·· — · ·—· ·
·— ·—· ·· — ···· —— · — ·· ··· ———— ·
——·· · ·· ———— · —·   ·—— ·· ·: „Plus, Mal oder Gleich“
——· ·· —··· —   · ···   ·· —·   —·· · ·—·
—— ——— ·—· ··· · ··· ———— ·—· ·· ··—· —
—· ·· ———— —,   —— ·— —·
—— ··— ··· ···   —·· ·— ···· · ·—·   —·· ·· · ··· ·
·—— ——— ·—· — ·
·— ··— ··· ··· ———— ·—· · ·· —··· · —·
——·· ··— ——   —··· · ·· ··· ·——· ·· · ·—··:
——··· ———··   ·——· ·—·· ··— ···   ··——— ·————
——· ·—·· · ·· ————   ————· ————·,
——— —·· · ·—·   ···—— ····—   —— ·— ·—··   ····· —····
——· ·—·· · ·· ————   ·———— ————· —————-
····—,   ··——— —··—· ···——   —— ·· —· ··— ···
·———— —··—· ··———   ——· ·—·· · ·· ————
·———— —··—· —····,   ···—— —··—· ——···   —·· ··— ·—· ————
————·   ——· ·—·· · ·· ————
·———— —··—· ··——— ·————

§ 8. Satzzeichen.

—·· ·· ·   ·—— ·· ———— — ·· ——· ··· — · —·
··· ·— — ——·· ——·· · ·· ———— · —·   ··· ·· —· —··
—·· · ·—·   ·——· ··— —· —·— —,
—·· · ·—·   —·· ———— ·——·-
·——· · ·—·· ·——· ··— —· —·— —,
—·· ·— ···   —·— ———— —— —— ·—,
—·· ·— ···   ··· · ——— ·· —·— ——— ·—·· ——— —·,
—·· ·— ···   ··—· ·—· ·— ——· · ——·· · ·· ———— · —·
··— —· —··   —·· ·— ···
·— ··— ··· ·—· ··— ··—· ··— —· ——· ···-
——·· · ·· ———— · —·

······ Punkt, ———··· Doppelpunkt,
·—·—·— Komma, —·—·—· Semikolon,
··——·· Fragezeichen, ——··—— Ausrufungszeichen.

·— ·—·· ·—·· ·   —·· ·· · ··· ·   ——·· · ·· ———— · —·
··· ·· —· —··   —····—· ·· ·—·· ·· ——·
—·· · ·—·   ·——· ··— —· —·— —   ——· · ···· ———· ·—· —
——·· ··— ··— —· ··· · ·—· · ·—·   · ·—· ··· — · —·
——· ·—· ··— ·——· ·——· ·

· e, ·· i, ··· s, ···· h, ····· 5, ······ Punkt.

—·— ———— —— —— ·—   ··— —· —··
··· · ——— ·· —·— ———— ·—·· ———— —·
·—·· ·— ··· ··· · —·   ··· ·· ————   —·· · ·—·
—·· ·—· ·· — — · —·   ··— —· —··
···— ·· · ·—· — · —·   ——·· ·—· ··— ·——· ·——· ·
·— —· ——· ·—·· ·· · —·· · ·—· —·

·— a, ·—·— ä, ·—·—·— Komma,
—· n, —·—· c, —·—·—· Semikolon.

··—· ·—· ·— ——· · ——·· · ·· ———— · —·
··— —· —··   ·— ··— ··· ·—· ··— ··—· ··— —· ——· ···-
——·· · ·· ———— · —·   · ·—· ·· —· —· · ·—· —·
·— —·   —·· ·· ·   ··—· ··—— —· ··—· — ·
——· ·—· ··— ·——· ·——· ·

·—· r, ·——· p, ··——·· Fragezeichen,
—·— k, —··— x, ——··—— Ausrufungszeichen.

·——· ·—· ———— ——— · — ···· · ··— ··· ······
—··· · —·· · —·—· —·— ·   —·· · ·· —· · —·
···· ·· ——— ——— · ·—·· ·—·—·— ——·· · ··— ··· ·—·—·—
——— ·· —   ·——— ———— ·—·· —·— · —· —·· ··— —· ··· —
··— —· —··   ··—— —··· ·   ·—·—·—   —·· · ———

—·— —· ·— —··· · —·   ——· ·—·· · ·· ————
·—·—·—   —·· · ·—·   —·· ·· ··· — · ·—·· —·
—·— ———· ·——· ··—· —   ·—·—·—   ·— —·
· ·· ———— · —·   —·· ·· ————   ··— —· —··
—··· · ·—· ——· · ··· ···· ———· ···· —·
——··——   —— ··— ··· ··· —   —— ·· ·—·
—— · ·· —· ·   · ·—· —·· ·   —·· ——— ————
·—·· ·— ··· ··· · —·   ··· — · ···· —·   ··— —· —··
—— · ·· —· ·   ···· ··—— — — ·   ·—·—·—   —·· ·· ·
—·· ··—   —· ·· ———— —   ——· · —··· ·— ··— —
·—·—·—   ··— —· —··   —— · ·· —· · —·
···· · ·—· —··   ·—·—·—   ··— ——   —·· · ··· ··· · —·
——· ·—·· ··— —   —·· ··—   —— ·· ————
—··· · —· · ·· —·· · ··· —   ······   ·· ————
—·— · —· —· ·   —· ·· ———— — ···
·—·— ·—· —— · ·—· · ···   ··— —· — · ·—·   —·· · ·—·
··· —— —· —· ·—·—·—   ·— ·—·· ···
· ··— ———— ·—·—·—   ——· ———· — — · ·—· ——··——
·· ···· ·—·   —· ·—·— ···· ·—· · —
—·— ··—— —— —— · ·—· ·—·· ·· ————
···— ——— —· ——— ·——· ··—· · ·—·=
··· — · ··— · ·—· —·   ··— —· —··
——· · —··· · — ··· ···· ·— ··— ————   · ··— ·—· ·
—— ·— ·——— · ··· — ·—·— —   ··— —· —··
—·· ·— ·—· —··· — · — ·—·—·—   ·—— ·—·— ·—· · —·
—· ·· ———— —   —·— ·· —· —·· · ·—·   ··— —· —··
—··· · — — ·—·· · ·—·   ···· ——— ··—· ··—·=
—· ··— —· ——· ··· ···— ——— ·—·· ·—·· ·
— ——— ·—· · —· ······   —·· ·—   ·· ————
· ·· —·   —·— ·· —· —··   ·—— ·— ·—· ·—·—·—
—· ·· ———— —   ·—— ··— ··· ··· — · ·—·—·—
·—— ———   ·— ··— ···   —· ——— ————   · ·· —·
·—·—·—   —·— · ···· ·—· —   ·· ————   —— · ·· —·
···— · ·—· ·· ·—· ·—· — · ···   ·— ··— ——· ·
——·· ··— ·—·   ··· ——— —· —· ·   ·—·—·—   ·— ·—·· ···
·—— · —· —·   —·· ·—· ··—— —··· · ·—·
·—— ·—·— ·—·   · ·· —·   ——— ···· ·—· ·—·—·—
——·· ··—   ···· ———· ·—· · —·   —— · ·· —· ·
—·— ·—·· ·— ——· ·   ·—·—·—   · ·· —·
···· · ·—· ——·· ·—·—·—   ·—— ·· ·   —— · ·· —· ···
·—·—·—   ··· ·· ———— —·· · ···
—··· · —·· ·—· ·—·— —· ——· — · —·
——·· ··—   · ·—· —··· ·— ·—· —— · —·   ······

•–– • •–•   •••• •– •–•• ••–•   –– •• •–•
•–– •• –•• • •–•   –•• • •–•   – •• – •– –• • –•
••–– –••• • •–• –– ••– –   ••––••
•–– • •–•   •–• • – – • – •   •••– ––– ––
– ––– –•• •   –– •• ––––   •–•–•–
•••– ––– –•   ••• –•– •–•• •– •••– • •–• • ••
••––••   •••• •– ••• –   –•• ••–   –• •• –––– –
•– •–•• •–•• • •••   ••• • •–•• –••• ••• –
•••– ––– •–•• •–•• • –• –•• • –   •–•–•–
•••• • •• •–•• •• ––•   ––• •–•• ••–– •••• • –• –••
•••• • •–• ––••   ••––••   ••– –• –••
––• •–•• ••–– •••• – • ••• –   •––– ••– –• ––•
••– –• –••   ––• ••– –   •–•–•–
–••• • – •–• ––– ––• • –•   •–•–•–
•–• • – – ••– –• ––• ••• –•• •– –• –•–
–•• • ––   ••• –––– •–•• •– ••–• • –• –•• • –•
–•• •–   –•• •–• ––– –••• • –•   ••––••
•• ––––   –•• •• ––––   • •••• •–• • –•   ••––••
•–– ––– ••–• ••–– •–•   ••––••   •••• •– ••• –
–•• ••–   –•• •• •   ••• –––– –– • •–• ––•• • –•
––• • •–•• •• –• –•• • •–• –   •––– •   –•• • •••
–••• • •–•• •– –•• • –• • –•   ••––••   •••• •– ••• –
–•• ••–   –•• •• •   – •–• •–•– –• • –•   ––• •
••• – •• •–•• •–•• • –   •––– •   –•• • •••
––• • •–•– –• ––• ••• – • – • –•   ••––••
•••• •– –   –• •• –––– –   –– •• ––––
––•• ••– ––   –– •– –• –• •
––• • ••• –––– –– •• • –•• • –   –•• •• •
•– •–•• •–•• –– •–•– –––– – •• ––• •
––•• • •• –   ••– –• –••   –•• •– •••   • •–– •• ––• •
••• –––– •• –•–• –•– ••• •– •–••   •–•–•–
–– • •• –• •   •••• • •–• •–• • –•   ••– –• –••
–•• • •• –• •   ••––••   •–– •–•– •••• –• – • ••• –
–•• ••–   • – •–– •–   •–•–•–   •• ––––
••• ––– •–•• •–•• – •   –•• •– •••   •–•• • –••• • –•
•••• •– ••• ••• • –•   •–•–•–   •• –•
•–– ••–– ••• – • –•   ••–• •–•• •• • •••• • –•   •–•–•–
•–– • •• •–••   –• •• –––– –   •– •–•• •–•• •
–••• •–•• ••–– – • –• – •–• •–•– ••– –– •
•–• • •• ••–• – • –•   ••––••   •••• •• • •–•
••• •• – ––••   •• ––––   •–•–•–
••–• ––– •–• –– •   –– • –• ••• –––– • –•
–• •– ––––   –– • •• –• • ––   –••• •• •–•• –•• •

·—·—·— · ·· —· ——· · ··· ———— ·—·· · ———— —
·—·—·— —·· ·— ··· —— ·· ·——·
——· ·——·· · ·· ———— ··· · ·· ·—·—·— ——·· ··—
·—·· · ·· —·· · —· ·—·—·— ——·· ··—
·—— · ·· —· · —· ·—·—·— ——·· ··— ——· ··
—· ·· · ··· ··· · —· ··— —· —·· ——·· ··—
··—· ·—· · ··— · —· ··· ·· ———— ·—·—·— ··— —· —··
—·· · ·· —· · —· ·· ———— — ——·· ··— ·— ———— —— · —·
—·——·— ·——— ·· · ·· ————— ——·——

§ 9. Weitere Satzzeichen.

——·· ··— —·· · —·
··· ·— — ——·· ——·· · ·· ———— —·
——· · ···· ———· ·—· · —· —· ——— ———— —·· ·· ·
··—· ——— ·—·· ——· · —· —·· · —· ———···

·————· Apostroph — —····— Strich, Bindestrich.
·—··—· Anführungsstriche — —·——·— Klammer.

·— ··— ———— —·· ·· · ··· · ——·· · ·· ———— · —·
——· · ···· ———· ·—· · —· ·—— ·· · —·· · ·—· ——·· ··—
—·· · ·—· ··· —·—— ——— ——— · — ·—· ·· ··· ———— · —·
——· ·—· ··— ·——· ·——· · ······

—·· · ·—· —· ———· —·—· —·— ······
· ··· — ———· —· — —·· · ··· —· ———· —·—· —·— · —·
···· ·— ·—· ··—· · —· ··· ———— ·— ·—·· ·—·· ———···
—·· ·— ··· — · ···· — —·· · ·—· ·—— ·· ·—·· —·· ·
·—— ·— ··· ··· · ·—· ··—· ·— ·—·· ·—·· ·—·—·—
··— —— ··· ———— ·—— · —··· — —— ·· —
··· ———— ·— ··— —— ··— —· —·· ·—— ——— ——· · —·
—·· · —· —· ———· —·—· —·— ·· ——
·—· · ——· · —· —··· ——— ——· · —· ······
—·· ·· · —··· ·—·— ··— —— · —· · ·· ——· · —·
··· ·· ———— — ·· · ··—·
··— —· —·· ··· ———— ·—— · ·· ——· · —·
··— —· —·· ·— — —— · —· —·· ···· ——— ·—· ———— —
—·· ·· · —· ·— ———— — ·· ——· ·— ·—·· ·—·· ······
·—··—· ——— —· ———· —·—· —·— ·—·—·— ·—— ·— ···
···· ·· ·—·· ··—· — —·· ·— ··· ··· ·· —· ——· · —·
—·· · ·· —· ··——·· —·· ··— —·— ·— —· —· ··· —
·——— ·— —·· ——— ———— —· ·· ———— —
··· · ·—·· ·· ——· · ··· · ·· —· ——··—— ·—— ·· ·

—·— ·— —· —·   —·· · ·· —·   ··· ·· —· ——· · —·
— ·— ··— ———· · —· ··——·· ·—··—· —·· · ·—·
—· ———· —·—· —·—   · ·—· ···· · —··· —   —·· ·· ·
·—— ··—— ———· · —· ·—·—·—   ··· ·· · ···· —   ·—— —·   —·· ·· ·
—·— ·—·· · ·· —· · —· ·—·—·—   —··· · ——· ·· —· —· —· —
——·· ··—   ·——— · ·· —· · —·   —····—   —····—   —····—
··— —· —··   ··· · —· —·— —   ··· ·· ————   ·· —·
—·· ·· ·   ··—· ·—·· ··— —   ···· ·· —· · ·· —·   ······
—·· ·—   ·——· ·— ··— ··· ———— —   ··— —· —··
—··· ·—· ·— ··— ··· —   —·· · ·—·
·—— ·— ··· ··· · ·—· ··—· ·— ·—·· ·—··   ·—·—·—
···· ——— ————   ··—· ·—·· ·· · ——· —
···· ·· —· ·—— · ——·   —·· ·· ·
—· ·— ———— — ·· ——· ·— ·—·· ·—··   ·—·—·—
—·· ·· ·   —··· ·—·— ··— —— ·   ···· · —··· · —·
—— ·—·— ———— — ·· ——·   —···· ·   ···· ·—·— ··— ·——· =
— · ·—·   ·—·—·—   ——· ·—· ··—— —·   ··— —· —··
·——· ·—· ·—·— ———— — ·· ——·   ······
———   ·—— · ····   ·—·—·—   · ···   ···· ·— —··· · —·
—·· ·· ·   ·—— ·· ·—·· —·· · —·   —·— —· ·— —··· · —·
—·· · —·   —· ———· —·—· —·—   —··· · — ·—· ··—— —··· —
·· ——   ·—— ·— ··· ··· · ·—· ··—· ·— ·—·· ·—··   ——·——
·—··—·   —·— ——— —— ——   ·—— ·· · —·· · ·—·   ·—·—·—
—·—·—— ——·—— —·—·—— —·—·—   —··· ··——   ······—·——— ——·—·   ···—
···   ————   ···   —————   ————·   —·   ——··——
·—— · ·—·   ··· ·· —· ——· —   —·— ·— —· —· ·· —·
—·· · —·   ···· ·· ———— ———— · ·—··   —— · ···· —·   ———·—— ——
—·· ·—·· ·· —· —— · —·   —— ·—·· · —·   —— · ——— · —··
—·— ·—·· ·· —· · —·   ——— ·· ·—·· ·—· ·—·· ··· ·   ———··—— —·
—·· ·· ·   ·—— ·—·· ·— —·· ·· ·   ·—·—·—   ·—·—·—   ·—·—·—
—·· ·—·· ·· —· —·   —·— ·— —· —··· · —·   ——·——
———   —·—— ———— ——— ——— ·—·—·—
· ···   ···· ·— —··· · —·   ——·· · ··· ———— ——— · ·— ·—·   ——·· —
—·· ·· ·   —·—— —· ·— —··· · —·   ———···
—·—— ———— ——— ———   ·——— ·· · —·· · ·—·
—· ————· —·—· —·—   ··— —· —··   ··· ·· —· ——·— ·
··· ———— —————— —— ·   —— —·   ——————·— ·— ·—··—·
—·· ·—   — ———— —· —   —·· · ···
—· ————· —·—· —·—   · —·
···· ·— ·—· ··—· · —· ··· —————— ·— ·—·· ·—··
··—— —· —··   ·——— ·· · —·· · ·—·   ··· — · ···· —   —·· · ·—·
·——— ·— ··· ··· · ·—· ··—· ·— ·—·· ·—··   ·—·—·—
··— ——— ···   ———————— ·——— · —···· —   ——— ·· —

••• ———— •— ••— ——   ••— —• —••   •—— ——— ——— ——— ——• • —•
—•• • —•   —• ———• —•—• —•—   •• ——   •—• • ——• • —•=
—••• ———— ——• • —•   ••••••
—•• •• •   —••• •—•— ••— —— •   —• • •• ——• • —•
••• •• ————   — •• • ••—•   ••— —• —••
••• ———— •—— • •• ——• • —•   ••— —• —••
•— — —— • —• —••   •••• ——— •—• ———— —   —• •• • ••
—• •— ———— — •• ——• •— •—•• •—••   ••••••   • •••
••• •——• •• • •—•• —   —•• • •—•   —• ———• —•—• —•—   ——— —• —   ——— •—— ——— ——— —
••— —• —••   ••• •• —• ——• —   —— •• —   ——— •—— ——— ——— —
•••— ———— —•   —— • • •—•   ••— —• —••
• •—• —••   •—— ——— ——•   ••— —• —••
•••• •• —— —— • •—•• ••• •—•• •—• •—• •— ———— —   ••••••
—— •• —   ••• •• —• ——• • —• • •—•   —•— •— —— •   • •—•
•—•• •— ————— • —•   ••— —— ——• • —•   ••• • •—•• •• ——— •
•——— • •• —•• —• •—•   ——— •— —— ••— ——— •• • —   —— •• ——
—•• •• •   ••• ———— •—— • •• ——• • —•   • —• • —— —
••• ————— •——— • —••• • —   —•••• —•••• ———•••
• •—•   ••• •• —• —— • —   —••• •• •••   •• —•   —•• •• •
••• — • •—• —• • •—• • —•   ••••••
•— ••— ——• ••— ••• —
—•— ———— •——• •• ••• ————— ••••••

§ 10. Hilfszeichen und Abkürzungen.

•• —•   —•• • •—•   —— ——— •—• ••• •=
••• ———— •—• •• ••—• —
—•— ———— —— —— • —•   —• ——— ————
•••— • •—•   ••• ———— •• • —•• • —• •
•••• •• •—•• ••—• ••• ——•• • ••   ———— • —•
••— —• —••   •— —••• —•— ••—— •—• ——•• ••— —•=
——• • —•   ——•• ••— •—•
•— —• •——• • —• —•• ••— —• ——• •—•—•—
—•• •• •   ——•• ••— •—•
• •—• •—•• • •• ———— — • •—• ••— —• ——•
••— —• —••   •••— • •—• • •• —• ••—• •— ———— ••— —• ——•
—•• • •••   •••— • •—• —•— • •••• •—• •••
—•• •• • —• • —•   ••••••   —•• •• • ••• •
——•• • •• ———— • —•   ••• •• —• —••   ••—• ••—— •—•
••• •• ————   • •• —• ——•• ••— ••—— —••• • —• •—•—•—
—•• •—   ••• •• •   ••• •• ————   •• —•   • •• —• • ——

— · —··— — —· ·· ———— — ·· —· —·· · ·—·
·—— · ·· ··· · ·—— ·· · —·· · ·—·=
···· ——— ·—·· · —· ·—— ·· · —··· ··— ————=
··· — ·— —··· · —· ——— —·· · ·—· ··· ·— — ——··=
——·· · ·· ———— · —· ······

—·—·— Anruf. —·— Aufforderung zum Senden (k).

·—··· Warten. ···—· Verstanden.

········· Irrung, Unterbrechung, Ausstreichen.

·—·—· Schluß. ·—··——· Wiederholen (r p).

·—··—··—· Aufnahme beendet.

—·· ·— —— ·— —· ·· —· —·· · ·—· — · ·—·· ·=
——· ·—· ·— ·——· ···· ·· · —·· ·— ··· — · ·—·· ·=
——· ·—· ·— —— —— ·— ··— ··—· · ·· —· · ——
··—· ——— ·—· — ·—·· ·— ··— ··—· · —· —·· · —·
··· — ·—· · ·· ··—· · —· ·— ··— ··—·=
—· ·· —— —— — ·—·—·— ···· ·— — —— ·— —·
··—· ··—— ·—· —·· ·· · — ·—· · —· —· ··— —· ——·
—·· · ·—· ··—— —··· · ·—· ··· ———— ·—· ·· ··—· —
···— ——— —— — · —··— —
——— —·· · ·—· ··—· ··—— ·—· —·· · —·
—··· · ——· ·· —· —· · ·· —· · ··· —· · ··—=
· —· ·— —··· ··· ·— — ——·· · ··· ·— ··— ————
—··· · ··· ——— —· —·· · ·—· ·
——·· · ·· ———— · —· ······

—····— Trennung. ·—·—·· Absatz, neue Zeile.

Zusammenstellung des gesamten Systems.

1. Punktgruppe.	2. Strichgruppe.
· e	— t
·· i	—— m
··· s	——— o
···· h	———— ch
····· 5	————— Null.
······ Punkt	
······· Irrung.	

3. Punktstrichgruppe.

- ·— a
- ·—— w
- ·——— j
- ·———— 1
- ··— u
- ··—— ü
- ··——— 2
- ···— v
- ···—— 3
- ····— 4
- ·—·— ä
- ·—·—·— Komma.

4. Strichpunktgruppe.

- —· n
- —·· d
- —··· b
- —···· 6
- ——· g
- ——·· z
- ——··· 7
- ———· ö
- ———·· 8
- ———··· Doppelpunkt
- ————· 9
- —·—· c
- —·—·—· Semikolon.

5. Symmetrische Gruppe.

- ·—· r
- ·——· p
- ··——·· Fragezeichen
- ·————· Apostroph
- ·—·—· Schluß
- ·—··—· Anführungsstriche
- ·—··—··—· Aufnahme beendet.
- —·— k
- —··— x
- ——··—— Ausrufungszeichen
- —···— Trennung
- —····— Bindestrich
- —·—·— Anruf
- —·——·— Klammer.
- ·—··——· Wiederholung (r p).

6. Unsymmetrische Gruppe.

- ·—·· l
- ··—· f
- ···—· verstanden
- ·—··· warten.
- —·—— y
- ——·— q
- —··—· Bruchstrich.
- ·—·—·· Absatz, neue Zeile.

§ 11. Mnemotechnische Hilfen zur Erlernung der Morsezeichen.

Neben der im vorigen Paragraphen sowie im ganzen Lehrgang durchgeführten Anordnung der Morsezeichen, die das Erlernen derselben wesentlich erleichtert, werden auch noch andere mnemotechnische Hilfsmittel empfohlen. Eine altbewährte Methode ist das Einprägen der Zeichen durch bestimmte Kennworte, die den betreffenden Buchstaben zum Anfangsbuchstaben haben. Das Kennwort wird so gewählt, daß die Betonung der Silben oder das Vorkommen bestimmter Vokale ohne weiteres die Aufeinanderfolge von Strichen und Punkten im Morsezeichen erkennen läßt. Soll die Betonung der Silben maßgebend sein, so kann man den Strich durch eine betonte, den Punkt durch eine unbetonte Silbe zum Ausdruck bringen. Man kann so z. B. den Buchstaben „A ·—“ durch das Wort Atom darstellen, wobei die unbetonte Silbe A den Punkt, die betonte Silbe Tom den Strich bedeutet. Das „B —···“ ließe sich durch das Wort Barbarafest einprägen usw. Wesentlich einfacher ist es aber Kennworte zu finden, bei denen bestimmte Vokale Striche oder Punkte bezeichnen. Soll z. B. der Vokal O einen Strich darstellen und die Punkte durch die übrigen Vokale bezeichnet werden, so könnte man sich den Buchstaben „A ·—“ ebenfalls durch das Wort Atom merken, da nun das Wort A den Punkt und das O den Strich bedeutet. Es ist dann nicht schwer, sich derartige Alphabete zur Erlernung der Morsezeichen selbst zusammenzustellen.

A	·—	Atom	M	——	Moos
B	—···	Boluserde	N	—·	Nobel
C	—·—·	Coriolan	O	———	Orthogon
D	—··	Donau	P	·——·	Pathologe
E	·	Echt	R	·—·	Reporter
F	··—·	Flageolett	S	···	Salpeter
G	——·	Gomorra	T	—	Tor
H	····	Herkulanum	U	··—	Ultrarot
I	··	Inge	V	···—	Visitator
K	—·—	Kollektor	W	·——	Waldmoos
L	·—··	Leonidas	Z	——··	Zoroaster

§ 12. Das Zeitzeichen.

—·· ·· · · ·—·· · —·— — ·—· ·· ——·· ·· — ·—·— —
·· ··· — —·· ··— ·—· ———— ·· ···· ·—· ·

··· ———— —· · ·—·· ·—·· ·   ··—· ——— ·—· —=
·——· ··—· ·—·· ·— —· ——·· ··— —· ——· ··· ——· ·=
··· ———— ·—— ·· —· —·· ·· ——· —·— · ·· —
—··· · ··· ——— —· —·· · ·—· ···   ——· ·=
· ·· ——· —· · — ·—·—·—   ——·· · ·· —=
——·· · ·· ———— · —·   ——·· ··—   ··—— —··· · ·—·=
—— ·· — — · ·—·· —· ······   ·· —·
··—· ·—· ··—— ···· · ·—· · ·—·   ——·· · ·· —
—·· ·· · —· — ·   ···· ·· · ·—· ——·· ··—   —·· · ·—·
· ·—·· · —·— — ·—· ·· ··· ———— ·
··· — ·—· ——— —— ·—·—·—   —·· · —·   —— ·— —·
——·· ······   —··· ······   ·— ··— ··—·   —·· · —·
··· — · ·—· —· ·—— ·— ·—· — · —·   —·· ·—=
——·· ··—   —··· · —· ··—— — ——·· — ·
—·· · —·   ——·· · ·· — ·——· ··— —· —·— —
· ·· —· · ·—·   ·— ··· — ·—· ——— —· ———=
—— ·· ··· ———— · —·   · ·—· ··· ———— · ··=
—· ··— —· ——·   ——· · —· ·— ··—   ··—· · ··· —=
——·· ··— ·—·· · ——· · —·   ······   ——·· ··—
—·· ·· · ··· · ——   ——·· ·—— · —·—· —·— ·
·—— ··— ·—· —·· · —·   —·· ··— ·—· ————
· ·· —· ·   ——· ·— —· ——··   ·—· ·· ———— — ·· ——·
——· · ···· · —· —·· ·   ··— ···· ·—·   ·· —·
—·· · —·   · ·· —· ——·· · ·—·· —· · —·   ··· ·=
—·— ··— —· —·· · —·   ·— ··— ··—·   —·· · ——
··· — ·—· · ·· ··—· · —·   · ·· —· · ···
—— ——— ·—· ··· · ·— ·——· ·——· ·— ·—· ·— — · ···
·— ··— — ——— —— ·— — ·· ··· ————
·——· ··— —· —·— — ·   —— ·— ·—· —·— ·· · ·—· —
··— —· —··   —·· ··— ·—· ———— · ·· —· ·
——·· ·—— · ·· — ·   ··· ———— ·—· · ·· —···=
···— ——— ·—· ·—· ·· ———— — ··— —· ——·
—·— ——— —· —· — ·   —·· · ·—·   —··· ·=
——— —··· ·— ———— — · ·—·   —— ·· —
···· ·· ·—·· ··—· ·   · ·· —· · ·—·   —— ——— ·—· ··· ·=
— ·— ··· — ·   —· · —··· · —·   —·· ·· · ··· ·
·——· ··— —· —·— — ·—· · ·· ···· ·   · ·· —·
——·· · ·· ———— · —·   ··· · — ——·· · —·   ·—·—·—
—·· · ··· ··· · —·   ·— —· ··—· ·— —· ——·
——— —·· · ·—·   · —· —·· ·   ——· · —· ·— ··—
—·· · ——   ——·· · ·· — ·——· ··— —· —·— —
—·· · ·—·   —··· · ——— —··· ·— ———— — · — · —·
···· ·· —— —— · ·—·· ··· · ·—·=

··· ———— · ·· —· ··— —· ——·   · —· —=
··· ·——· ·—· ·— ———— ······   ·— ··— ··—·
—·· ·· · ··· ·   ·—— · ·· ··· ·   ·—— ··— ·—· —·· ·
—·· ·· ·   ——· · —· ·— ··— ·· ——· —·— · ·· —
—·· · ·—·   ——·· · ·· — ·— —· ——· ·— —··· · —·
· ·—· ···· · —··· ·—·· ·· ————   ···— · ·—·=
—··· · ··· ··· · ·—· — ·—·—·—   —·· ·—   —— ·— —·
·— ··— ··—·   —·· · ——   ··· — ·—· · ·· ··—· · —·
—· ——— ————   ··· · ···· ·—·   ——· ··— —
—··· ·—· ··— ———— — · ·· ·—·· ·   ···— ——— —·
··· · —·— ··— —· —·· · —·   ·— —···=
··· ———— ·—·— — ——·· · —·   —·— ——— —· —·=
— · ······   ··—· ··—— ·—·   —·· ·· ·   ·— ·—·· ·—··=
——· · —— · ·· —· ···· · ·· —   —·— ——— —— —— —
—·· ·· ·   · ·—·· · —·— — ·—· ·· ··· ———— ·
——·· · ·· — ··—— —··· · ·—· — ·—· ·— ——· ··— —· ——·
—·· ··— ·—· ————   —·· ·· ·   —· ——— ·—·=
—— ·— ·—·· ··— ···· ·—· · —·   ·· —·
··—· ·—· ·— ——· · ·—·—·—   ··— —· —··
···— ——— ·—·   —·· · ——   —·— ·—· ·· · ——· ·
···· ·— — — ·   —— ·— —·   ···— ·· · ·—·· ·
———· ··—· ··—· · —· — ·—·· ·· ———— ·
··— ···· ·—· · —·   —— ·· —   —·· · ·—·   ·— ··— ··—·=
··· ———— ·—· ·· ··—· —   ————···
·—··—· —· ——— ·—· —— ·— ·—·· ——·· · ·· —
—·· · ·—·   ··· — · ·—· —· ·—— ·— ·—· — · ·—··—·
·—·—·—   —·· ·· ·   —— ·· —   ···· ·· ·—·· ··—· ·
—·· · ···   · ·—·· · —·— — ·—· ·· ··· ———— · —·
··· — ·—· ——— —— · ···   —·· ··— ·—· ————
· ·· —· ·   —· ——— ·—· —— ·— ·—·· ··— ···· ·—·
·— ··— ··—·   —·· · ·—·   ··· — · ·—· —· ·—— ·— ·—· — ·
——· · ··· — · ··— · ·—· —   ·—— ··— ·—· —·· · —·
·—·—·—   ··· ——— —·· ·— ··· ···   ··· ·· ·
·— ·—·· ·—·· ·   ··—— —··· · ·—· · ·· —·=
··· — ·· —— —— · —· —·· ·   ——·· · ·· —   ·— —·=
——· ·— —··· · —· ······   ·— ··— ————   —·· ·· ·
··— ···· ·—·   —·   ·— ··— ··—·   —·· · —·
—··· ·— ···· —· ··· — · ·· ——· · —·   ·—— · ·—·=
—·· · —·   —— ·· —   ···· ·· ·—·· ··—· ·   —·· · ···
· ·—·· · —·— — ·—· ·· ··· ———— · —·
··· — ·—· ——— —— · ···   ·— —· ——· ·=
— ·—· ·· · —··· · —· ······
—— ·— —·   ···· ·— —   ·— ·—·· ··· ———   ·· —·

–·· · ––   · ·–·· · –·– – ·–· ·· ··· –––– · –·
··· – ·–· ––– ––   · ·· –·   ···– ––– ·–·=
––·· ··–– ––· ·–·· ·· –––– · ···
···· ·· ·–·· ··–· ··· –– ·· – – · ·–··   ··– ––
––·· · ·· – ·– –· ––· ·– –··· · –·   ––·· ··–
··–– –··· · ·–· –– ·· – – · ·–·· –· ······
·· –·   ·–– · ·· –   ···· –––· ···· · ·–· · ––
–– ·– ··· ··· ·   –·– ·– –· –·   ·– –··· · ·–·
–·· ·· ·   ··–· ··– –· –·– · –· – · ·–·· ·=
––· ·–· ·– ·––· ···· ·· ·   ––·· ··– ––
––· · –··· · –·   ···– ––– –·   ––·· · ·· –=
––·· · ·· –––– · –·   ···– · ·–· ·–– ·– –· –·· –
·–– · ·–· –·· · –·   ·–·–·–   –·· ·–   ··· ·· ·
–· ·· –––– –   ·– –·   · ·· –· ·   –··· ·=
··· – ·· –– –– – ·   ·–·· · ·· – ··– –· ––·
·–– ·· ·   –·· · ·–·   ··· – ·–· ––– ––
––· · –··· ··– –· –·· · –·   ·· ··· –   ·–·–·–
··· ––– –· –·· · ·–· –·   ––· ·–·· · ·· ––––=
··· ·– ––   ·–– ·· ·   · ·· –·   –– ·–·– ––––=
– ·· ––· · ···   ··–· ·– –· ·– ·–··
·–– · ·· – ···· ·· –·   ·–– ·– ···· ·–· –· · ···· ––=
–··· ·– ·–·   ––·· · ·· –––– · –·   ·· –·
–·· · –·   ·–· ·– ··– ––   ··· · –· –·· · –·
–·– ·– –· –·   ······   ·–– ·· ·–· –··   –· ··– –·
··· –––   · ·· –·   ––·· · ·· –––– · –·   ·· –·
· ·· –· · ––   –··· · ··· – ·· –– –– – · –·
––·· · ·· – ·––· ··– –· –·– –   ·– –··· ––· ·=
··· ·– –· –·· –   ·–·–·–   ··· –––   ··· ·· –· –··
·· –·   ·––– · –·· · ––   ··– –– –·– ·–· · ·· ··· ·
·– ·–·· ·–·· ·   ·–·–·–   –·· ·· ·   –– ·· –   –·· · –·
–· –––· – ·· ––· · –·   ·– ·––· ·––· ·– ·–· ·– – · –·
––·· ··– ·–·   ·–– ·– ···· ·–· –· · ···· –– ··– –· ––·
–·· · ···   ––·· · ·· –––– · –· ···   ·– ··– ···=
––· · ·–· ··–– ··· – · –   ··· ·· –· –··   ·–·–·–
–··· · ··–· ·–·– ––· ·· ––· –   ·–·–·–   ·· ···· ·–· ·
··– ···· ·–· · –·   ––· · –· ·– ··–   ––·· ··–
··· – · ·–·· ·–·· · –·   ······   ·· –·
–·· · ··– – ··· –––– ·–·· ·– –· –··
·–– ·· ·–· –··   –·· ··– ·–· ––––   –·· ·· ·
··–· ··– –· –·– ··· – · ·–·· ·–·· ·   –· ·– ··– · –·
––·· ·–– · ·· –– ·– ·–··   ·– ––   – ·– ––· ·
–·· ·– ···   ––·· · ·· – ––·· · ·· –––– · –·
––· · ––· · –··· · –·   ······   –·· ·· ·

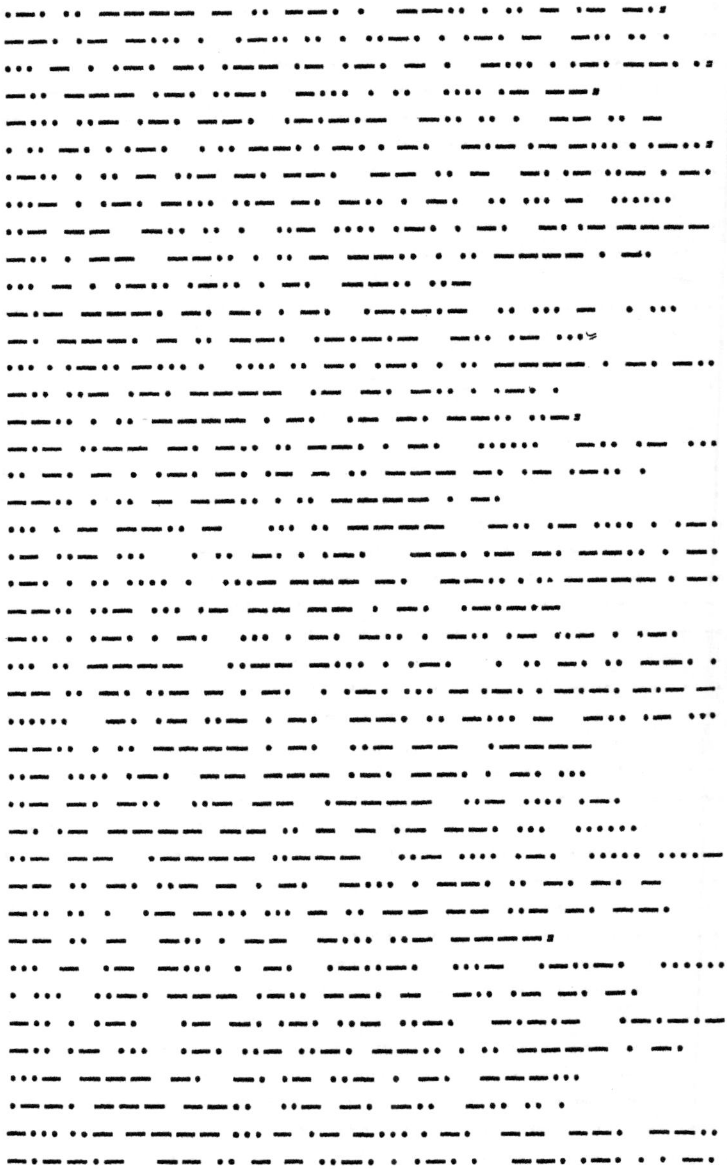

·−− ·· −−−− · ·−·   −−·· · ·· −   −·−−·−   ······
··− −−   ·−−−− ··−−−   ··− ···· ·−·   ····· −−···
−− ·· −· ··− − · −·   −··· · −−· ·· −· −· −
−·· ·− ···   −−·· · ·· −−−− · −·   ···− −−− −·
−··· · ·−· −−· · −·· −−− ·−· ··−·   −− ·· −   −·· · −−
·− −· −·− ··−− −· −·· ·· −−· ··− −· −−· ···=
··· ·· −−· −· ·− ·−··   −··− −··− −··−   −··· ·· ···
·−−−− ··−−−   ··− ···· ·−·   ····· −−···
−− ·· −· ··− − · −·   ····· −−−−−   ··· ·=
−·− ··− −· −·· · −·   ·−·−·−   −·· ·− −· −·

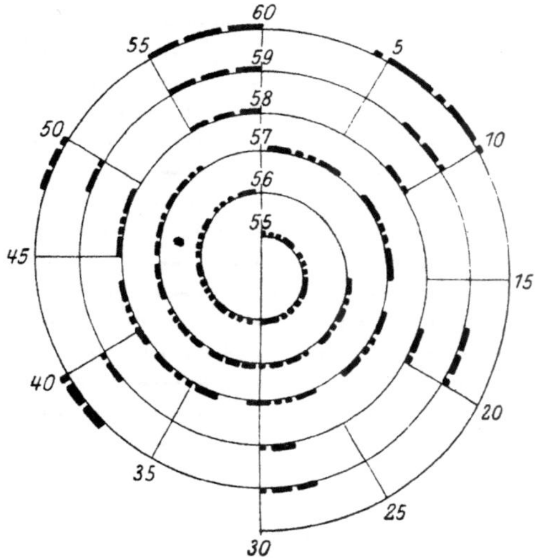

Abb. 3. Das internationale Zeitzeichen.

··−· −−− ·−·· −−· −   −·· · ·−·   −··· ··− −−−−=
··· − ·− −··· ·   −−−   ·−·−·−   −·· · ··· ··· · −·
·−·· · − −−·· − · ·−·   ··· − ·−· ·· −−−−
−−· · −· ·− ··−   ··− −−   ·−−−− ··−−−
··− ···· ·−·   ····· −−−··   −− ·· −· ··− − · −·
· −· −·· · −   ······   · ···   ··−· −−− ·−·· −−· −
·−− ·· · −·· · ·−·   · ·· −·   ·− −·=
−·− ··−− −· −·· ·· −−· ··− −· −−· ···=
··· ·· −−· −· ·− ·−··   −· −· −·   ··− −· −··
·−− ·· · −·· · ·−·   · ·· −·   −−−   ·−·−·−
−·· · ··· ··· · −·   ·−·· · − −−·· − · ·−·

··· – ·–· ·· –––– ··– –– ·–––– ··–––
··– ···· ·–· ····· ––––· · –· –·· · – ······
–· ––– –––– · ·· –· –– ·– ·–·· · ·· –·
·– –· –·– ··–– –· –·· ·· ––· ··– –· ––· ···=
··· ·· ––· –· ·– ·–·· ––· ––· ––·
··– –· –·· · ·· –· ––– ·–·–·– –·· ·– ···
·––· ··– –· –·– – ·–––– ··– ···· ·–·
·– –··· ··· –––– ·–·· ·· · ··· ··· – ·–·–·–
··– –· –·· –·· ·– ··· ··· –––– ·–·· ··– ··· ···=
––·· · ·· –––– · –· ······
–··· · ·· –– ·– –··· ·–·· ·– ··– ··–·
–·· ·· · ··· · ··· ––·· · ·· –––– · –· ···
···· ·– – ·– ·–·· ··· ––– ·––– · –·· · ·–·=
–– ·– –· –· ·–·–·– –·· · ·–· · ·· –· · –·
––· · · ·· ––· –· · – · –· · –– ·––·=
··–· ·–·– –· ––· · ·–· –··· · ··· ·· – ––·· –
·–·–·– –·· ·–· · ·· –– ·– ·–··
––· · ·–·· · ––· · –· ···· · ·· – ··· · ·· –· ·
··– ···· ·–· ––· · –· ·– ··– · ·· –· ––·· ··–=
·–· · ––· ··– ·–·· ·· · ·–· · –· ······
···– · ·–· –– –––· ––· · –·· · ·–·
––· ·–· ––– ··· ··· · –· · –· · ·–· ––· ·· ·
·–·–·– –– ·· – –·· · ·–· –·· ·· · ··· · ···
––·· · ·· –––– · –· ···– ––– –·
–· ·– ··– · –· ·– ··– ··· ––· · ··· ·– –· –·· –
·–– ·· ·–· –·· ·–·–·– ·· ··· – · ··· ·–– · ·· –
··–– –··· · ·–· –·· ·· · ––· ·–· · –· ––·· · –·
–·· · ··– – ··· –––– ·–·· ·– –· –·· ···
···· –––· ·–· –··· ·– ·–· ····· · ···
·–– ·· ·–· –·· ··· ––– ––·· ··–
· ·· –· · –– ·–– · ·–·· – ··· ·· ––· –· ·– ·–··
·–·–·– –·· ·– ··· –·· · –– ··· · · –– ·– –· –·
·– ··– ··–· –·· · –– –– · · ·–· · · ·–·=
–– –––· ––· ·–·· ·· –––– – ··· · ·· –· ·
··– ···· ·–· · –· ––·· ··– ···– · ·–·
––· ·–·· · ·· –––– · –· ··– –· –·· ··· · ·· –· ·
––· · ––– ––· ·–· ·– ·––· ···· ·· ··· –––– ·
·–·· ·–·– –· ––· · ––· · –· ·– ··–
··–· · ··· – ––·· ··– ·–·· · ––· · –· ·–·–·–
··– –· –·· –·· · –· ·– ··· – ·–· –––=
–· ––– –– · –· ·– ··– ··–· · –··–=
·––· · –·· ·· – ·· ––– –· · –· ·· –·
··· – ·– –· –·· ··· · – ––·· – ·–·–·–

—·· ·· ·   ——· · —· ·— ··— ·· ——· —·— · ·· —
··· · ·· —· · ·—·   —··· · ——— —··· ·— ————=
— ··— —· ——· · —·   ——·· ··—   · ·—·=
···· ———· ···· · —·   ······

§ 13. Das Funkobs.

· ·· —· ·   ——· ·—· ——— ··· ··· ·   ·—· ——— ·—·· ·—·· ·
··· ·——· ·· · ·—·· —   —·· ·· ·   ··—· ··— —· —·— · —·=
— · ·—·· · ——· ·—· ·— ·——· ···· ·· ·   ·· ——
···· · ··— — ·· ——· · —·   ·—— · — — · ·—·=
—·· ·· · —· ··· —   ······   ··— ——   · — ·—— ·— ···
··—— —··· · ·—·   —·· · —·   ···— · ·—·=
·—·· ·— ··— ··—·   —·· · ···   ·—— · — — · ·—· ···
···— ——— ·—· ·— ··— ··· ··· ·— ——· · —·   ——·· ··—
—·— ———· —· —· · —·   ·—·—·—   —— ··— ··· ···
—— ·— —·   —·· ·— ···   —··· · ——— —··· ·— ————=
— ··— —· ——· ··· —— ·— — · ·—· ·· ·— ·—··
· ·· —· · ···   ——· ·—· ———· ··· ··· · ·—· · —·
——· · —··· ·· · — · ···   ——·· ··—   · ·· —· · ·—·
··—— —··· · ·—· ··· ·· ———— — ·—·· ·· ———— · —·
—·· ·— ·—· ··· — · ·—·· ·—·· ··— —· ——·
——·· ··—   ··· ·— —— —— · —· ··—· ·— ··· ··· · —·
······   · ·· —· · —·   ··· ———— —· · ·—·· ·—·· · —·
··— —· —··   ——· ··— — · —·   ··—— —··· · ·—·=
—··· ·—·· ·· —·—· —·—   ··—— —··· · ·—·
—·· ·— ···   ·—— · — — · ·—·   · ·· —· · ···
——· ·—· ———· ··· ··· · ·—· · —·   —··· ·=
·—· · ·· ———— · ···   —··· ·· · — · —   —·· ·· ·
·—— · — — · ·—· —·— ·— ·—· — ·   ·—·—·—
—·· ·· ·   ·— ··— ··—·   ·— ·—·· ·—·· · —·
·—— · — — · ·—· —·· ·· · —· ··· — ··· — · ·—··=
·—·· · —·   ·— ·—·· ···   ——· ·—· ··— —· —··=
·—·· ·— ——· ·   ··—· ··—— ·—·   —·· ·· ·
·——· ·—· ——— ——· —· ——— ··· ·   ···· · ·—·=
——· · ··· — · ·—·· ·—·· —   ·—— ·· ·—· —··   ······
—·· ·· ·   ·—— · — — · ·—· —·— ·— ·—· — ·
—··· · ··· — · ···· —   ·— ··— ···   · ·· —· · ——
·—·· ·— —· —·· —·— ·— ·—· — · —·=
··—· ——— ·—· —— ··— ·—·· ·— ·—·   ·—·—·—
·· —·   —·· ·— ···   —·· ·· ·   ·—— ·· ————=
— ·· ——· ··· — · —·   —— · — · ——— ·—· ———=
·—·· ——— ——· ·· ··· ———— · —·   —··· ·=

——— —··· ·— ———— — ··— —· ——· · —·
· ·· —· · ·—· ——· ·—· ——— ··· ··· · —·
·— —· ——·· ·— ···· ·—·· ···— ——— —·
··· — ·— — ·· ——— —· · —· · ·· —· ——· ·-
— ·—· ·— ——· · —· ·—— · ·—· —·· · —· ······
—·· ·· · —··· · ——— —··· ·— ————-
— ··— —· ——· · —· ·—·—·— —·· ·· · ·· —·
——·· ·— ···· ·—·· · —· ——· ·—· ··— ·——· ·——· · —·
———— ·· ··—· ··—· ·—· ·· · ·—· — ·—·—·—
·— ··— ··—· ··—· ··— —· —·— · —· — · ·—·· ·-
——· ·—· ·— ·——· ···· ·· ··· ———— · —·
·—— · ——· · ——· · ··· ·— —— —— · ·—·· —
·—— · ·—· —·· · —· ·—·—·— ·—·· ·· · ··—· · ·—· —·
——·· ··— ··· ·— —— —— · —· ——· · ··· — · ·—·· ·—·· —
—·· ·— ··· ··· ——— ——· · —· ·— —· —· — ·
·—··—· ——— —··· ··· ·—··—· ······ —·· ·· ·
··· ·— —— —— · ·—·· ··· — · ·—·· ·—·· ·
··—· ··—— ·—· —·· · ··— — ··· ———— ·—·· ·— —· —··
·· ··· — —·· ·· · —·· · ··— — ··· ———— ·
··· · · ·—— ·— ·—· — · ·· —· ···· ·— ——-
—··· ··— ·—· ——· ·—·—·— —·· ·· · —— ·· —
—·— ———· —· ·· ——· ··· ·—— ··— ··· — · ·—·-
···· ·— ··— ··· · —· —·· ··— ·—· ————
—·· ·· ·—· · —·— — · —·— ·— —··· · ·—··-
·—·· · ·· — ··— —· ——· ···— · ·—·-
—··· ··— —· —·· · —· ·—·—·— —·· ·— ···
——— —··· ··· ·· —· —·· ·· · ·—— · ·—·· —
···· ·· —· ·— ··— ··· ··—· ··— —· —·— — ······

(Der Klarheit halber ist im folgenden Obs der erklärende Text in gewöhnlicher Schrift wiedergegeben).

Das Obs beginnt mit der Abstimmung
···— ···— ···— ···— ···—
—·—· ——·— ·—·· ·——· (lp Rufzeichen von Königswusterhausen) —·—· ——·— ·—·· ·——· (beliebig oft wiederholt) —·—·— —··— —··— —··— —··—
(Überschrift:) ··—· ··— —· —·— ——— —··· ···
—·· · ··— — ··· ———— ·—·· ·— —· —·· —···—
(Inhalt:) ————— ·———— —···· ————— ———··
··——— ····— ·———— ————— ·———— —————
————— ————— ··——— ·———— ———··

----· ----- ----- ----- -----
----- ----- ----- -----
··--- -----

Der Inhalt setzt sich aus zwei- und fünfstelligen Zahlengruppen nach folgendem Schlüssel zusammen.

$$qq\quad BBBDD\quad Fw_1w_1TT\quad c_1b_3W_3VP\quad AN_1aNh\quad R_1R_1\begin{Bmatrix} GV \\ M_2M_2 \\ w_2w_2 \end{Bmatrix}Z_2$$

Hierin bedeutet:

qq = Nummer der Wetterstation,
BBB = Barometerstand,
DD = Windrichtung,
F = Windstärke,
w_1w_1 = Witterung zur Zeit der Beobachtung,
TT = Temperatur,
c_1 = Charakteristik des Luftdruckes,
b_3 = Änderung des Luftdruckes während der letzten drei Stunden vor der Beobachtung,
W_3 = Witterungsverlauf seit der letzten Beobachtung,
V = Sicht,
P = relative Feuchtigkeit,
A = Art der Wolken (niedere Wolken,
N_1 = Größe der Gesamtbewölkung mit niederen Wolken,
a = Art der hohen Wolken
N = Größe der Gesamtbevölkerung,
h = Untere Wolkengrenze,
R_1R_1 = Niederschlagshöhe,
m_2m_2 = Temperaturminimum (Morgenobs),
M_2M_2 = Temperaturmaximum (Abendobs),
G = Seegang } Seestationen,
V = Sicht }
Z_2 = Zeit bezeichnend den Beginn des Niederschlages.

Nach dem Inhalt folgt dann das Schlußzeichen. Die Station Eifelturm I sendet auch eine Europasammelmeldung, die den Ländern entsprechend die Überschriften trägt: „Météo français“, „Météo anglais“ usw. Das Schlußzeichen wird auch in der folgenden Form gegeben: —··— ··—·— · ·· — · —

Es ist hier beabsichtigt dem Amateur ein ungefähres Bild von dem Funkobs zu geben, ohne weiter auf Einzelheiten einzugehen. Näheres über die Wetterberichte findet sich in der Schrift: „Funk-Wetter, Liste und Schlüssel der Wetterfunksprüche“, herausgegeben von der Deutschen Seewarte in Hamburg.

§ 14. Hilfsmittel zur Erlernung des Hörempfangs.

Hat sich der Amateur die nötige Fertigkeit in Lesen und Schreiben der Morsezeichen erworben, so kann er an die Einübung des Hörempfangs herangehen. Zunächst wird es dem Anfänger ganz unmöglich sein, aus dem Gewirr von langen und kurzen Tönen, das er bei der Aufnahme zu hören bekommt, die einzelnen Buchstaben oder gar schon einzelne Worte herauszuhören. Um dem Lernenden die Einübung des Hörempfangs zu erleichtern, hat man besondere Lehrapparaturen geschaffen, bei welchen die langen und kurzen Töne, wie sie beim Aufnehmen der Morsezeichen vorkommen, nachgeahmt werden. Ist man auf Selbstunterricht angewiesen, so kann ein Apparat, wie ihn die Boulton, Oxley Bank in Wolverhampton konstruiert hat, wertvolle Dienste leisten. Bei diesem Apparat werden in ähnlicher Weise wie bei vielen Musikapparaten durch ein fortlaufendes perforiertes Band und eine Lamellenanordung Töne hervorgebracht, die den Morsezeichen entsprechen. Der Antrieb erfolgt durch eine Kurbel, so daß der Lernende durch langsameres oder schnelleres Drehen die Geschwindigkeit der Zeichengebung beliebig verändern kann. Dieselben Dienste würde auch ein Grammophon leisten, wenn es Platten mit Morsetext im Handel zu kaufen gäbe. Auch hier wäre man in der Lage, die Geschwindigkeit der Fertigkeit des Übenden anzupassen. Hat sich der Amateur auf diese Weise einige Geschicklichkeit im Hörempfang erworben, so kann er daran gehen, Telegramme,

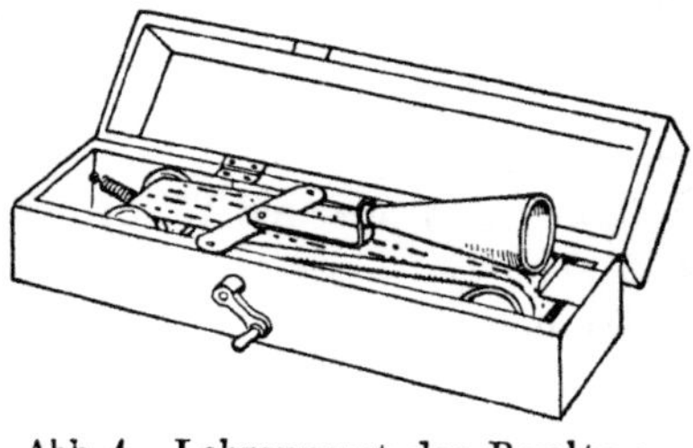

Abb. 4. Lehrapparat der Boulton, Oxley Bank.

die an keine besondere Anschrift gerichtet sind, abzuhören. Auf keinen Fall darf der Amateur Telegramme abhören oder gar aufschreiben, die an bestimmte Anschriften gerichtet sind. Das Aufnehmen solcher Telegramme ist streng verboten, und der Amateur würde sich nicht nur einer Verletzung des Telegraphengeheimnisses schuldig machen, sondern er würde auch der Freiheit der Amateurbewegung schweren Schaden zufügen. Geht das Abhören zunächst noch schlecht, oder ist der Amateur nicht in der Lage gewesen, sich durch Hilfsapparate schon einige Fertigkeit anzueignen, so bemühe er sich, wenigstens einige Zeichen herauszuhören. Man lenke hierbei natürlich zuerst auf die allereinfachsten Zeichen seine Aufmerksamkeit.

Arbeiten zwei Amateure bei der Erlernung der Morsezeichen zusammen, so erleichtert sich die Sache ungemein auch in bezug auf die zur Verwendung kommenden Hilfsmittel. Schon mit sehr einfachen Mitteln kann man sich für diese Zwecke recht brauchbare Apparate zusammenbauen. Man erhält einen einfachen Übungsapparat, indem man in den Stromkreis eines Elementes einen Unterbrecher etwa in Form eines Druckknopfes oder einer Morsetaste und einen Summer einschaltet. Die Summervorrichtung kann man sich aus einer elektrischen Klingel herstellen, bei der man die Klingelschale und den Klöppel entfernt. Die zwei Amateure üben dann in

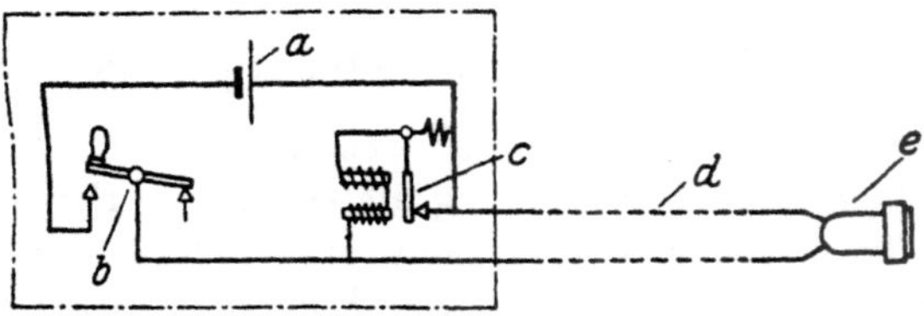

Abb. 5. Schaltungsschema einer Lehrapparatur mit Summer und Telephon.

der Weise, daß der eine die Zeichen mit der Taste gibt, während der andere versucht, sie nach dem Gehör aufzunehmen. Man kann auch diesen Apparat noch vervollkommnen, indem man dem Summer ein Telephon mit einer hinreichend langen Schnur parallel schaltet, so daß der Hörempfang in einem Nebenzimmer stattfinden kann. Man kann diese Summervorrichtung auch direkt als Sender verwenden und die von ihr ausgehenden Schwingungen mit dem Radioempfangsgerät aufnehmen, wenn man den Summer in der Nähe der Antenne oder deren Zuleitungen aufstellt. Derartige kleine Sendeanlagen kann man sich selbst leicht auf verschiedene Weise anlegen, worauf im nächsten Abschnitt noch näher eingegangen werden soll.

Ein bemerkenswertes Verfahren zur Erlernung des Hörempfangs hat J. N. Phinney, ein hoher Marinebeamter der Vereinigten Staaten, angegeben. Phinney machte als junger Eisenbahntelegraphist an sich selbst die Beobachtung, daß er den Morseempfang sehr leicht erlernte, als er in der Nähe des dauernd knackenden Hauptrelais einer Telegraphenleitung schlafen mußte. Man hat daraufhin in neuerer Zeit in einer Funkerschule in Pensacola (Florida) den Versuch gemacht, die Schüler während des Schlafens in der Morseschrift zu unterrichten. Die Kursteilnehmer, Marineoffiziere, begaben sich mit Kopfhörern versehen zur Ruhe und im Schlafe übermittelte man ihnen Morsetelegramme. Schon nach einer Nacht waren alle imstande, Morsedepeschen mit größerer Leichtigkeit und Schnelligkeit aufzunehmen als vorher. Auf Grund des guten Erfolges hat man das Verfahren weiterhin hauptsächlich auch bei solchen Schülern angewandt, denen der Hörempfang besondere Schwierigkeiten bereitet hat.

§ 15. Der Summer als Schwingungserreger.

Im vorigen Paragraphen ist schon erwähnt worden, wie eine einfache Summeranordnung als Sender in Frage kommen kann. Bei weiterer Ausgestaltung eines solchen Schwingungserregers hat der Amateur in erster Linie dafür Sorge zu tragen, nicht den Empfang in seiner Nachbarschaft zu stören, wie dies auch bei Apparaten mit Rückkoppelung der Fall sein kann. Ein kleiner Schwingungserreger wird bei den geringen zur Verwendung kommenden Energiemengen zu Störungen keinen Anlaß geben und dem Amateur nicht nur zur Einübung der Morsezeichen sondern auch zur Prüfung seines Apparates wertvolle Dienste leisten. Für den Amateur kommt in erster Linie der Summer und gegebenenfalls noch ein kleiner Lichtbogen- oder Röhrensender in Betracht. Unter einem

Summer versteht man einen Unterbrecher, der nach dem Prinzip des **Wagnerschen** Hammers gebaut ist, bei dem aber durch besonders feine Konstruktion sehr hohe und konstante Unterbrechungszahlen erreicht werden. Bei dem Summer der Firma Dr. G. **Seibt** (Abb. 6) besteht der Anker aus einer kleinen Blattfeder, die direkt auf dem einen Magnetpol befestigt ist und vor dem anderen hin- und herschwingen kann. Durch besonders fein durchdachte Einrichtungen liefert dieser Summer für Meßzwecke einen guten und klaren Ton. Um mit dem Summer Schwingungen von bestimmter Frequenz hervorzurufen, wendet man die sogenannte **Eichhorn**sche Schaltung an (Abb. 7). Es wird hierbei der Summer mit einem Schwingungskreis bestehend aus Selbstinduktion und Kapazität zusammengeschaltet. Fließt nun durch den Summer und die Selbstinduktion ein Gleichstrom des Elements E, so entsteht in der Spule ein magnetisches Feld. Unterbricht der Summer den Strom, so verschwindet das Feld und ruft durch sein Verschwinden einen Stromstoß in derselben Richtung hervor, der den Kondensator auflädt. Der Kondensator entlädt sich wieder und zwar in umgekehrter Richtung über die Spule, wodurch wieder ein neues Magnetfeld erzeugt wird, das bei seinem Verschwinden wieder einen Stromstoß hervorruft usw. Durch den Summer wird also der Kreis $L\,C$ zu Schwingungen angestoßen. Die im Schwingungskreis auftretenden Verluste dämpfen die Schwingungen stark, so daß sie bald zur Ruhe kommen und die Zeit der Schwingungserregung ist daher klein im Vergleich zur Zeit, die zwischen den einzelnen Unterbrechungen des Summers liegt. Die Wellenzüge folgen in demselben Rhythmus wie die Unterbrechungen des Summers und rufen beim Hörempfang denselben Ton hervor, den der Summer liefert.

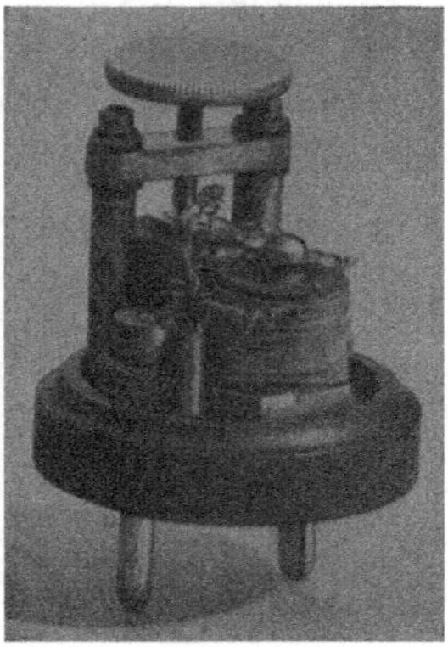

Abb. 6.
Summer von Dr. G. **Seibt**.

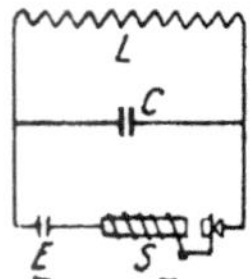

Abb. 7.
Die **Eichhorn**sche Schaltung.

Um sich von der Frequenz der Schwingungen ein Bild machen zu können, vergleicht man sie mit den Schwingungen eines Pendels. Die Größe der Selbstinduktion entspricht der Pendellänge, der reziproke Wert der Kapazität der Direktionskraft. Beim Pendel verhalten sich die Schwingungszeiten wie die Quadrate der Pendellängen und umgekehrt wie die Quadrate der Direktionskräfte. Für das Pendel gilt die Formel:

$$T = 2\pi \cdot \sqrt{\frac{e}{g}}$$

und für den Schwingungskreis hat man ganz entsprechend die Formel:

$$T = 2\pi \sqrt{C_{\mathrm{Farad}} \cdot L_{\mathrm{Henry}}}.$$

Die Wellenlänge λ ist gleich $c \cdot T$, wo c die Lichtgeschwindigkeit bedeutet, also

$$\lambda = 2\pi \cdot c \sqrt{C_{\mathrm{Farad}} \cdot L_{\mathrm{Henry}}}$$

$$\lambda_{\mathrm{cm}} = 2\pi \cdot 3 \cdot 10^{10} \sqrt{C_{\mathrm{Farad}} \cdot L_{\mathrm{Henry}}}$$

$$= 2\pi \cdot \sqrt{9 \cdot 10^{20}\, C_{\mathrm{Farad}} \cdot L_{\mathrm{Henry}}}$$

$$= 2\pi \cdot \sqrt{9 \cdot 10^{11}\, C_{\mathrm{Farad}} \cdot 10^{9}\, L_{\mathrm{Henry}}}.$$

Nun ist:

$$9 \cdot 10^{11} \cdot C_{\mathrm{Farad}} = C_{\mathrm{cm}}$$

und

$$10^{9} \cdot L_{\mathrm{Henry}} = L_{\mathrm{cm}}$$

also:

$$\lambda_{\mathrm{cm}} = 2\pi \sqrt{C_{\mathrm{cm}} \cdot L_{\mathrm{cm}}}.$$

Hat man also Kapazität uud Selbstinduktion in cm gegeben, so ist es leicht nach dieser Formel die Wellenlängen für den Schwingungskreis zu berechnen. Auch wenn C und L in Farad bzw. Henry gegeben sind, macht die Berechnung nach dem obigen keine Schwierigkeiten.

Beispiele.

Die Wellenlänge eines Schwingungskreises mit der Selbstinduktion 5000 cm und der Kapazität 10000 cm zu berechnen.

$$\lambda = 2\pi \cdot \sqrt{5000 \cdot 10000}\ \text{cm}$$
$$= 2\pi \cdot 7071{,}1\ \text{cm}$$
$$= 2 \cdot 3{,}14 \cdot 70{,}7\ \text{m}$$
$$\sim 440\ \text{m}.$$

Die Wellenlänge eines Schwingungskreises mit der Selbstinduktion $500 \cdot 10^{-6}$ Henry und der Kapazität $15 \cdot 10^{-10}$ Farad zu berechnen.

$$\lambda = 2\pi \cdot c \cdot \sqrt{500 \cdot 10^{-6} \cdot 15 \cdot 10^{-10}}\ \text{cm}$$
$$= 2\pi \cdot 3 \cdot 10^{10} \cdot \sqrt{500 \cdot 10^{-6} \cdot 15 \cdot 10^{-10}}\ \text{cm}$$
$$= 2\pi \cdot 3\sqrt{500 \cdot 15 \cdot 10^{-16} \cdot 10^{20}}\ \text{cm}$$
$$= 2\pi \cdot 3\sqrt{7500 \cdot 10^{4}}\ \text{cm}$$
$$= 2\pi \cdot 3 \cdot 8660{,}3\ \text{cm}$$
$$= 6\pi \cdot 8660{,}3\ \text{cm}$$
$$\sim 1630\ \text{m}.$$

§ 16. Was beim Erlernen der Morsezeichen besonders zu beachten ist.

Im nachstehenden sollen noch einmal die Hauptpunkte zusammengefaßt werden, die der Amateur bei der Erlernung der Morsezeichen zu beachten hat.

Es hat keinen Zweck mit dem Abhören von Telegrammen beginnen zu wollen, bevor man die Morseschrift ordentlich beherrscht und sowohl fließend schreiben als auch lesen kann.

Das Erlernen des Hörempfangs ist schwer und erfordert bei fleißigem Üben viel Geduld und Ausdauer. Der Lernende darf nicht nach dem ersten Mißerfolg mutlos werden. Es können Wochen und Monate vergehen, bis man es zu einiger Gewandtheit und Sicherheit im Abhören gebracht hat.

Man darf nur die an „Alle“ geriohtete Telegramme wie Zeitzeichen, Funkobs, Wetterberichte u. dgl. aufnehmen.

Das Abhören und Niederschreiben von Telegrammen, die an eine bestimmte Adresse gerichtet sind, ist verboten und man macht sich durch Aufnahme solcher Depeschen strafbar.

Es ist jedes Amateurs unwürdig, sich mit dem Aufnehmen von Telegrammen abzugeben. Übrigens wird heute die unbefugte Aufnahme durch das Geben mit Sendemaschinen oder durch Chiffrieren des Textes vielfach schon unmöglich gemacht. Durch die Sendemaschinen wird die Geschwindigkeit so gesteigert daß ein Heraushören solcher Zeichen ganz ausgeschlossen ist.

Jeder deutsche Amateur hat danach zu streben, daß die Freiheit der Amateurbewegung in Deutschland gefördert wird, und gewissenhaft darauf zu achten, daß nicht durch Mißbrauch oder strafbare Handlungen einzelner das für die Allgemeinheit Erreichte wieder gefährdet wird.

Verlag von Julius Springer in Berlin W 9

Der Radio-Amateur

(Radiotelephonie)

Ein Lehr- und
Hilfsbuch für die Radio-Amateure aller Länder

Von

Dr. Eugen Nesper

Sechste, vollständig umgearbeitete und erweiterte Auflage

Mit etwa 900 Textabbildungen auf 830 Seiten

Erscheint Ende Juni 1925

In kurzer Zeit sind fünf Auflagen des Nesperschen Buches vollkommen vergriffen gewesen. Der bekannte Verfasser hat jetzt das Gesamtgebiet völlig neu durchgearbeitet und damit wieder ein Buch geschaffen, das bis ins einzelne ein umfassendes Lehr- und Nachschlagewerk über das Radio-Amateurwesen darstellt. Die neue Auflage geht auf alle wichtigen Schaltungen, Apparateausführungen, Entwicklungen, Behelfe, Zubehörteile, Fehler, Erfahrungen ein und bringt viel neues Tabellenmaterial, Einzelteile usw. Das Buch bietet ein vollständiges Kompendium alles Wissenswerten auf dem Gebiete des Radio-Amateurwesens. Das umfangreiche Tabellen- und Herstellungsmaterial ermöglicht es dem ersten Anfänger wie dem routinierten Bastler, sich die für seinen Bedarf jeweils günstigen Apparate und Schaltungen herauszuwählen.

Radio-Technik für Amateure

Anleitungen und Anregungen
für die Selbstherstellung von Radio-Apparaturen, ihren
Einzelteilen und ihren Nebenapparaten

Von

Dr. Ernst Kadisch

Mit 216 Textabbildungen. (216 S.) 1925

Gebunden 5.10 Goldmark

Das vom Radio-Amateur für den Radio-Amateur geschriebene Buch enthält im theoretischen Teile eine gemeinverständliche Einführung und bietet **auch demjenigen Laien, dem das Bastlerinteresse ferner liegt, die Möglichkeit, in die einfachsten Grundlagen der drahtlosen Telephonie einzudringen.**

Die Selbstherstellung der Einzelteile, von Drehkondensatoren, Heizwiderständen, Spulen, Röhrenfassungen, Detektoren u. a. sowie der Zusatzapparate, z. B. Akkumulatoren, Anodenbatterien, Gleichrichtern, Meßinstrumenten usw. wird im praktischen Teil ausführlich geschildert. Fast immer sind mehrere Konstruktionsmöglichkeiten bildlich und textlich erläutert, auch mischen sich Anleitungen und Anregungen miteinander, so daß auch der **fortgeschrittene Amateur** aus dem Buche seinen Nutzen ziehen kann.

Bibliothek des Radio-Amateurs. Herausgegeben von Dr. **Eugen Nesper.**

1. Band: **Meßtechnik für Radio-Amateure.** Von Dr. **Eugen Nesper.** Dritte Auflage. Mit 48 Textabbildungen. (56 S.) 1925. 0.90 Goldmark
2. Band: **Die physikalischen Grundlagen der Radio-Technik** mit besonderer Berücksichtigung der Empfangseinrichtungen. Von Dr. **Wilhelm Spreen.** Dritte, verbesserte Auflage. Mit 121 Textabbildungen. Erscheint im Juni 1925.
3. Band: **Schaltungsbuch für Radio-Amateure.** Von **Karl Treyse.** Neudruck der zweiten, vervollständigten Auflage. (19.—23. Tausend.) Mit 141 Textabbildungen. (64 S.) 1925. 1.20 Goldmark
4. Band: **Die Röhre und ihre Anwendung.** Von **Hellmuth C. Riepka,** zweiter Vorsitzender des Deutschen Radio-Clubs. Zweite, vermehrte Auflage. Mit 134 Textabbildungen. (111 S.) 1925. 1.80 Goldmark
5. Band: **Praktischer Rahmenempfang.** Ein Leitfaden für Radiotechniker. Von Ing. **Max Baumgart.** Zweite, umgearbeitete Auflage. Mit etwa 60 Textabbildungen. Erscheint im Juni 1925.
6. Band: **Stromquellen für den Röhrenempfang** (Batterien und Akkumulatoren). Von Dr. **Wilhelm Spreen.** Mit 61 Textabbildungen. (72 S.) 1924. 1.50 Goldmark
7. Band: **Wie baue ich einen einfachen Detektorempfänger?** Von Dr. **Eugen Nesper.** Mit 30 Abbildungen im Text und auf einer Tafel. Zweite Auflage. (61 S.) 1925. 1.35 Goldmark
8. Band: **Nomographische Tafeln** für den Gebrauch in der Radiotechnik. Von Dr. **Ludwig Bergmann.** Mit 47 Textabbildungen und zwei Tafeln. Zweite Auflage. Erscheint im Juni 1925.
9. Band: **Der Neutrodyne-Empfänger.** Von Dr. **Rosa Horsky.** Mit 57 Textabbildungen. (53 S.) 1925. 1.50 Goldmark

11. Band: **Der Niederfrequenz-Verstärker.** Von Ing. **O. Kappelmayer.** Mit 36 Textabbildungen. Zweite, vermehrte Auflage. In Vorbereitung.
12. Band: **Formeln und Tabellen** aus dem Gebiete der Funktechnik Von Dr. **Wilhelm Spreen.** Mit 34 Textabbildungen. (76 S.) 1925. 1.65 Goldmark
13. Band: **Wie baue ich einen einfachen Röhrenempfänger?** Von **Karl Treyse.** Mit 28 Textabbildungen. (50 S.) 1925. 1.35 Goldmark

15. Band: **Innen-Antenne und Rahmen-Antenne.** Von Dipl.-Ing. **Friedrich Dietsche.** Mit 25 Textabbildungen. (65 S.) 1925. 1.35 Goldmark

Bibliothek des Radio-Amateurs. Herausgegeben von Dr. **Eugen Nesper.**

In den nächsten Wochen werden erscheinen:

14. Band: **Die Telephonie-Sender.** Von Dr. **P. Lertes.**
16. Band: **Baumaterialien für Radio-Amateure.** Von **Felix Cremers,** Ingenieur. Mit 10 Textabbildungen.
17. Band: **Reflex-Empfänger.** Von cand. ing. radio **Paul Adorján.** Mit 52 Textabbildungen.
18. Band: **Fehlerbuch des Radio-Amateurs.** Von Ingenieur **Siegmund Strauß.** Mit etwa 70 Textabbildungen.
19. Band: **Internationale Rufzeichen.** Von **Erwin Meißner.**
20. Band: **Lautsprecher.** Von Dr. **Eugen Nesper.** Mit etwa 50 Textabbildungen.
21. **Funktechnische Aufgaben und Zahlenbeispiele** für den Radio-Amateur. Von **Karl Mühlbrett.** Mit 45 Textabbildungen und einer Tafel.
22. **Ladevorrichtungen und Regenerier-Einrichtungen der Betriebsbatterie für den Röhrenempfang.** Von Dipl.-Ing. **Friedrich Dietsche.** Mit etwa 50 Textabbildungen.

In Vorbereitung befinden sich:

Der Radio-Amateur im Gebirge. — Systematik der Schaltungen. — Kettenleiter und Sperrkreise. — Graphische Darstellungen. — Kurzwellen-Empfänger. — Die Hochantenne.

Radio-Schnelltelegraphie. Von Dr. **Eugen Nesper.** Mit 108 Abbildungen. (132 S.) 1922. 4.50 Goldmark

---

Elementares Handbuch über drahtlose Vakuum-Röhren. Von **John Scott Taggart,** Mitglied des Physikalischen Institutes London. Ins Deutsche übersetzt nach der vierten, durchgesehenen englischen Auflage von Dipl.-Ing. Dr. **Eugen Nesper** und Dr. **Siegmund Loewe.** Mit etwa 140 Abbildungen im Text. Erscheint im Sommer 1925.

Radiotelegraphisches Praktikum. Von Dr.-Ing. **H. Rein.** Dritte, umgearbeitete und vermehrte Auflage. Von Prof. Dr. **K. Wirtz.** Darmstadt. Mit 432 Textabbildungen und 7 Tafeln. (577 S.) 1921. Berichtigter Neudruck. 1922. Gebunden 20 Goldmark

---

Der Fernsprechverkehr als Massenerscheinung mit starken Schwankungen. Von Dr. **G. Rückle** und Dr.-Ing. **F. Lubberger.** Mit 19 Abbildungen im Text und auf einer Tafel. (155 S.) 1924. 11 Goldmark; gebunden 12 Goldmark

Verlag von Julius Springer in Berlin W 9

Lehrkurs für Radio-Amateure

Leichtverständliche Darstellung der drahtlosen Telegraphie und Telephonie, unter besonderer Berücksichtigung der Röhrenempfänger

Von

H. C. Riepka

Mitglied des Hauptprüfungsausschusses des Deutschen Radio-Clubs e. V., Berlin

Mit 151 Textabbildungen. (159 S.) 1925

Gebunden 4.50 Goldmark

Im vorliegenden Buch werden die für den Radio-Amateur unbedingt zu beherrschenden Wissensgebiete behandelt, und zwar zunächst die physikalischen Grundlagen, also Stromspannung, Widerstand, elektrische und magnetische Felder usw. Sodann werden die Experimente der Fernmeldetechnik besprochen, wobei der Röhre in ihren verschiedensten Anwendungsgebieten ein besonderer Raum gewährt ist. Tabellen und Zeichnungen vervollständigen das Buch. Es eignet sich besonders zur Vorbereitung für die Prüfung zur Erlangung der Audionversuchserlaubnis. Aber selbst wenn diese Prüfung im Herbst aufgehoben wird, wird das Riepkasche Buch für alle Radio-Amateure, die mit Röhrenempfängern arbeiten lernen wollen, unentbehrlich sein.

Kalender der Deutschen Funkfreunde 1925. Bearbeitet im Auftrage des Deutschen Funk-Kartells von Dr.-Ing. **Karl Mühlbrett,** Techn. Staatslehranstalten Hamburg und Ziviling. **Friedr. Schmidt,** Generalsekretär des Deutschen Funk-Kartells Hamburg. Mit einem Geleitwort von Dr. **H. G. Möller,** Universitätsprofessor in Hamburg, Vorsitzender des Deutschen Funk-Kartells. Erster Jahrgang. (120 S.) Unveränderter Neudruck. 1925. Gebunden 2 Goldmark

---

Verlag von Julius Springer und M. Krayn in Berlin W 9

Der Radio-Amateur. Zeitschrift für Freunde der drahtlosen Telephonie und Telegraphie. Organ des Deutschen Radio-Clubs. Unter ständiger Mitarbeit von Dr Walther Burstyn-Berlin, Dr. Peter Lertes-Frankfurt a. Main, Dr. Siegmund Loewe-Berlin und Dr. Georg Seibt-Berlin u. a. m. Herausgegeben von Dr. **E. Nesper**-Berlin und Dr. **P. Gehne**-Berlin. Erscheint wöchentlich im Umfange von 20—24 Seiten mit Wochenprogramm sämtlicher deutscher Rundfunksender. Vierteljährlich 5 Goldmark / Einzelheft 0.40 Goldmark

(Die Auslieferung erfolgt vom Verlag Julius Springer in Berlin W 9)

GPSR Compliance

The European Union's (EU) General Product Safety Regulation (GPSR) is a set of rules that requires consumer products to be safe and our obligations to ensure this.

If you have any concerns about our products, you can contact us on ProductSafety@springernature.com

In case Publisher is established outside the EU, the EU authorized representative is:

Springer Nature Customer Service Center GmbH
Europaplatz 3
69115 Heidelberg, Germany

Batch number: 10682534

Printed by Printforce, the Netherlands